U0138454

和風手作便當

吉井忍 著

目錄

秋日

冬日

前言

便當伴你行

吉井忍

「便當」一詞源於中國，日文漢字寫作「弁當」（bento）。料理研究者奧村彪生在《日本的便當》一書中寫道：含便利之意的「便當」在日本室町時代[1]傳入日本，到了安土桃山時代[2]已明確指「存放食物的可攜式多層方木盒」。

如今，便當已經遍布日本。大家來日本旅行，首先會見到車站販賣部的「鐵路便當」。烹調方式以烤、煮或涼拌為主，使用調料最多的是醬油和味噌。這些調料含有的氨基酸讓食材冷卻後也能保持美味。尤其是經常使用乾香菇、蔬菜的日式煮物，放涼後更能入味。由於使用了當地土產和優質稻米，用傳統方式烹飪，再搭配上本地風格的餐盒包裝，別具風味。

本書著重介紹的是最樸實的普通家庭便當。春天全家人去看櫻花，便當盒裏一定會裝滿母親的拿手菜。平時給兒子的「通學便當」要考慮營養均衡，但學校遠足或運動會時可以放鬆一下，多加點孩子們喜歡的菜肴。給上班的先生準備的「通勤便當」得少油少鹽，還得美味、分量足。在每個人的時間安排、工作節奏、家計、口味不同的環境下做出的便當，體現出個性和生活、甚至人生。

本書共有四十個故事和便當的介紹。在這本小書裏，我最花力氣的是作為日本女性對便當的回憶，希望透過文字能把這些情感傳達給大家。

我每天早上做兩份便當，一個給先生，一個給自己。到了中午聽著自己喜歡的歌，倒茶，打開便當盒，彷彿回到了在日本的學生時代。看到我「早弁」[3]而批評我的班主任，午休時刻併桌一起打開便當盒的同學，一塊上下學女生淡粉色的口紅……雖然和同學都失去了聯繫，但還能想像她們和我一樣，在爲別人或自己做便當。

帶便當不僅僅是爲了營養、省錢、推動環保，那份溫馨回憶會一直陪伴你，不管過了多久，不管你身處何處。本書按季節介紹了共四十個便當和關於它們的回憶，同時也從日本家庭主婦的角度來介紹了日式家常料理的製作法。可以當個隨筆集看，也可以從食譜步驟知道日本媳婦在異鄉如何下功夫做出一些日本菜。

最後再嘮叨兩句。自己在臺灣生活的六年時間裏，享用了不少「台鐵便當」。當時一個台幣六十元，拿過便當紙盒就能感覺到它的實在。通常盒子會有大大的排骨、茶葉蛋和豆腐乾，連擠在角落的醃菜做得都很認眞。挾上一口菜，吃一口吸飽肉汁的壽司米，我已經不記得窗外的風景，但便當的美味還記得很清楚。

希望便當能讓大家的生活更加多彩，也希望透過本書能夠與更多的臺灣朋友交流。

二〇一五年八月於北京酒仙橋

1室町時代：日本史中世時代，一三三六年至一五七三年的約二百四十年間。
2安土桃山時代：武將織田信長和豐臣秀吉把握政權的時代，一五七三年至一六〇〇年的約三十年間。
3早弁（hayaben）：指「中午前就吃掉便當」的行為，一般被認為食欲旺盛的初、高中男生的標準動作。

春日

手鞠壽司
便當

女兒節和手鞠壽司

二月的日本，有的地方還在下雪，東京的氣溫也不超過十度。但一過立春，就應了「三寒四溫」這句老話。連續冷上三天，就一定回溫，慢慢便暖和起來了。到了二月底，商家撤下冬季商品，換上春天的色彩，迎接三月三日女兒節。

日本女兒節源於八世紀的平安時代。當時京都的貴族女子盛行爲人偶換著裝的遊戲，還發展出向河中投放人偶以求吉祥的習俗。這就是女兒節的雛形。到了江戸時代，人們定於每年三月三日慶祝女兒節。每到這一天，民間都會舉行盛大慶典，祈願女孩健康成長。女兒節最大的特徵就是「雛飾」（ひなかざり）人偶，所以這個節日又稱「雛祭」（ひなまつり）。又因農曆三月三日正值桃花盛開，因此女兒節也有「桃花節」的別稱。

二月底三月初的日本，到處能看到雛飾以及擺放雛飾和道具的雛壇。傳統雛壇以五層和七層爲多，不過現代人的居住空間有限，七層高的雛壇簡直是龐然大物。所以現在去看人偶店的網站，熱賣排行榜上的都是只有雛壇頂層的「男雛」（太子）和「女雛」（太子妃），也就是人們說的「親王飾」。兩位親王和小小的桃花屈居玻璃箱裏，節日拿出來擺放一下即可。至於頂層以下的三女官、五雛童、燈籠、梳粧檯、白酒、菱餅、牛車、侍從，以及聽差等，一律省略，不僅輕便，價格也實惠很多。

按照舊俗，家中若生了女孩，第一個女兒

節前必須準備好雛飾。過去是由母親那邊的長輩贈送，如今變成雙方長輩包好紅包分攤費用。女兒節一過，雛飾要馬上整理收好，以備來年再用。我小的時候，每年收起雛飾都會依依不捨，媽媽回回囑咐我：「雛飾不能擺太久，否則會嫁不出去！」難怪我三十好幾才找到婆家，說不定就是雛飾的「功勞」。雛飾也往往算作女兒的嫁妝，有些家族的雛飾代代相傳，綿延百年以上。

雛飾不似中國年畫裏的胖娃娃，神情好像總有些漠然甚至哀傷。或許正是這種哀傷，啓發芥川龍之介在大正十二年（一九二三年）寫出短篇小說〈雛〉。故事的講述者是出身高貴的老太太，名叫小鶴。童年時，因爲家道中落而不得不賣掉雛飾，買家是住在橫濱的美國人。雛飾要被搬走前，小鶴很想再看一眼那些華美的「雛」們。但父親說錢都收下了，東西已經是別人的，不許再提。小鶴的哥哥是手捧英文書的「西崽」，賣掉雛飾的主意也是他一手策畫，甚至還嘲笑小鶴不懂事。就在雛飾搬走前的那個深夜，小鶴發現父親靜坐在床邊，一語不發地把「雛」們一個一個擺出……

芥川龍之介在創作後記中寫道，數年前就動筆寫這個短篇。這回催促他完稿的不是編輯瀧田氏，而是四、五天前在橫濱的英國人家客廳裏，看到一個紅髮女孩撥弄著一個舊的「雛」腦袋。芥川寫道，這篇故事裏的「雛」說不定正吃著同樣的苦頭，和其他金屬、橡膠娃娃們一起擠在玩具箱裏。

這個故事實在有些哀傷，還是說回女兒節的食物吧。小時候，在女兒節前後的週末，父母會難得聯手，爲我和妹妹做「手鞠壽司」。「手鞠」是一種線球，用文蛤等貝殼作芯，纏上一圈圈的絲綿，外面有彩色絲線的精美刺繡。

手鞠曾是女孩的玩具，也算是一種吉祥物。據說貴族家的女子會帶著手鞠出嫁，爲的就是「圓滿治家」。

「手鞠壽司」像手鞠般小巧玲瓏、色彩繽紛，故而得名。因爲外觀秀麗可愛，很適合在女兒節與家人共用。與握壽司的不同在於，一是用飯量比較多（大約多了五分之一）且形狀爲圓形；二是花樣繁多，生魚片、鮭魚片、炒蛋、火腿、泡菜等都可加入。用保鮮膜包上醋飯（壽司飯）做成圓乎乎的樣子，醋飯和食材的口感融洽得不錯。我覺得手鞠壽司不太合適油膩的食材，其他則依自己的喜好，比一般的壽司自由度更高。

手鞠壽司放在桌上宛若春花，餐桌一下子就漂亮起來，尤其受到女性的青睞。如女兒節、女子會（年輕或自認爲年輕女性的聚會）、年輕媽媽聚會等等。我家吃手鞠壽司時，最興奮的就是我們姊妹倆，先吃綠的，再吃黃的，熱鬧得很。父親身爲唯一的男性，誇讚一下母親的手藝，然後默默從冰箱拿出昨晚剩下的可樂餅，放進微波爐裏轉一轉。看來對他來說，手鞠壽司是給女兒吃著玩的。

所需時間　70 分鐘
分量　2 人份

壽司飯材料：

壽司米　約 400 克
白醋　5 湯匙
白糖　3 湯匙
鹽　半湯匙

手鞠壽司：

蝦仁　1 小碗
香菇　4-6 朵
毛豆仁　小碗半碗
小黃瓜、胡蘿蔔、芥藍　適量
鮪魚罐頭　1 罐
雞蛋　2 顆
芥末　按個人口味
生薑　1 小塊
太白粉　少許
醬油、料酒、白醋　各適量
糖、鹽　各適量

裝飾用材料：

蘿蔔纓（或小蔥）、香菜、白芝麻

每個手鞠型迷你壽司的做法都很簡單，但因為這次介紹了七種，步驟有點繁雜。手鞠壽司的種類越多，感覺越華麗，很適合聚會等場合，但若與家人或自己享用，選兩個自己喜歡的就好，不必做這麼多。

製作步驟

1 煮飯、做壽司飯：

壽司米淘洗後，用電鍋煮好。壽司飯硬一點比較好，因此煮飯的水少放些。將白醋、白糖、鹽攪拌備用。飯煮好後趁熱放在大鍋或大盤裏，加入剛才拌好的調料，放約10秒使之入味。之後用飯勺拌勻（注意不要太用力！），並用風扇吹涼。

2 捏飯糰：

將飯輕輕捏成小糰。壽司飯上面用保鮮膜或布蓋好、然後靜置。不要放冰箱，以免壽司飯變硬。

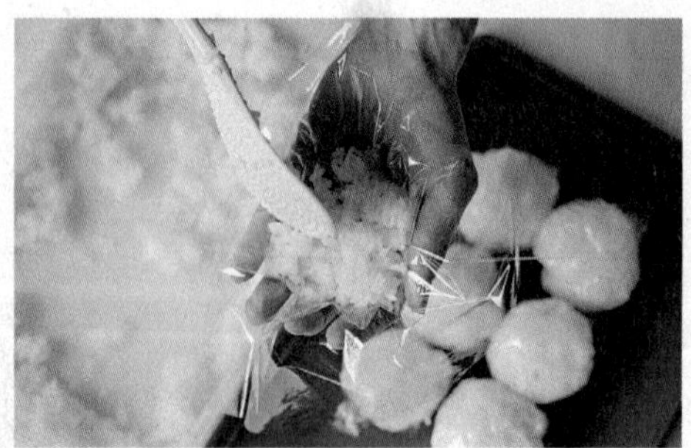

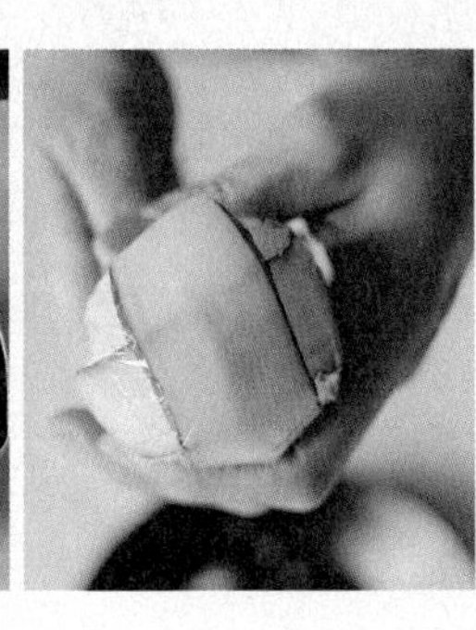

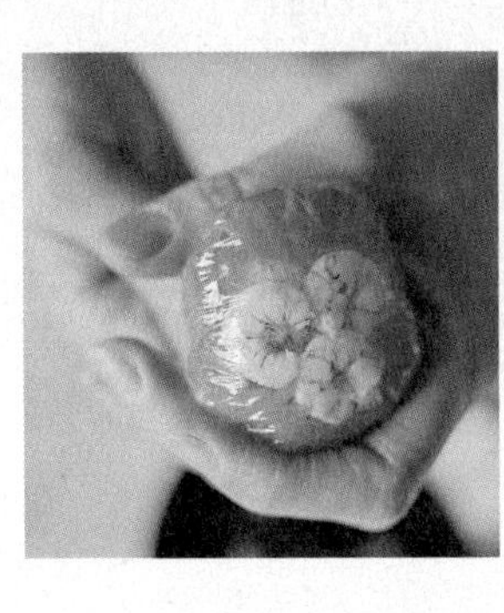

3 小黃瓜：
將小黃瓜切成7公分長薄片，用鹽調味，並用布將小黃瓜片的水分吸掉。

4 準備蝦仁與胡蘿蔔：
胡蘿蔔刨成絲，用白醋和鹽調味後，擠乾水分。蝦仁去沙腸，並用料酒與太白粉去腥。洗淨後放鍋中，鍋中加料酒加熱2－3分鐘。用鹽調味。

5 準備蛋皮和香菜：
打一顆蛋，加半湯匙料酒、鹽和少許太白粉攪拌。開中火，往平底鍋裏放少許油，倒入蛋汁做成蛋皮。蛋皮起鍋放在盤子裏。香菜挑出莖部較長的4－6根，洗淨。將香菜燙一下，放在布上吸乾水分。

6 做小黃瓜小壽司：
將兩片小黃瓜薄片交叉放在保鮮膜上，在交叉點上放一點芥末。再放上壽司小飯糰並捏成圓形。

7 做蝦仁小壽司：
保鮮膜上先放2－3尾蝦仁，再放胡蘿蔔。與壽司小飯糰一起捏成圓形。

8 做茶巾壽司：
蛋皮中間放一塊壽司小飯糰並撒點白芝麻。用蛋皮將飯糰包成小袋子狀，用燙過水的香菜莖繫緊。打結後整理邊緣，在上頭放一尾蝦仁。

更多種手鞠壽司

此處再介紹四種手鞠壽司的做法。若全部做完還有剩下的食材，可以做成「什錦散壽司」。

炒蛋和毛豆壽司：做炒蛋後放入小碗。毛豆仁用少許開水和料酒加熱，再加適量的鹽調味，豆仁撈出後與炒蛋攪拌。少量壽司飯裏放入炒蛋與毛豆，用勺子輕輕攪拌。最後用保鮮膜捏圓形即可。

鮪魚壽司：開中火，平底鍋裏放罐頭鮪魚、少許白糖、生薑絲、料酒和醬油，把汁收乾，放入小碗裏備用。蘿蔔纓洗淨後用鹽醃製備用。用布將醃蘿蔔纓的水分吸掉，在保鮮膜上放蘿蔔纓與鮪魚，再放上壽司小飯糰並捏成圓形。

芥蘭壽司：芥蘭洗淨後把莖葉切下。等到鍋裏的水燒開，放入芥蘭葉汆燙。燙好的葉子放在布塊上吸收水分並放涼。保鮮膜上放一片葉子，再放一些調味後的鮪魚（如上述），之後放上壽司小飯糰。用保鮮膜捏成圓形。

香菇壽司：香菇用布擦乾淨，在小鍋裏放料酒（一湯匙）、白糖（一湯匙）、醬油（半湯匙）和少許開水，加熱7－8分鐘，關火、放涼。把香菇底部朝上放在保鮮膜上，再放上壽司小飯糰。用保鮮膜捏成圓型並擰一擰，打開保鮮膜，香菇上撒點白芝麻。

多餘材料的利用：多餘的食材可以做什錦散壽司。便當盒裏放入壽司飯，上面鋪滿切絲的蛋皮和香菇、蝦仁、毛豆等，再撒點白芝麻即可。

櫻花小飯糰便當

山城和櫻花

我在成都留學時，彩霞是我認識的第一個中國朋友。她是四川大學留學生樓的服務員，我到成都的那天晚上，興致勃勃地在公用廚房「探險」，彩霞突然冒出來說了幾句話，可惜我都聽不懂。筆談之後得知她想學日語，希望和我語言交換。

彩霞與我年齡差不多，是重慶姑娘。皮膚白皙、秀髮烏黑，她常常說要減肥，但我覺得她這樣正好。到成都後沒多久，我買了輛舊自行車，問她要不要一起兜兜風。她急忙擺手說：「重慶人都不會騎自行車。」

在許多日本人的印象中，中國滿街都是騎車上下班的人流，我在成都看到最普遍的交通工具也是自行車，所以我繼續熱情邀請：「我騎我室友的自行車，你騎我的車好了。」彩霞歎了一口氣，苦笑著在留學生樓的小院子裏歪歪扭扭騎了一段，證明她真的不會騎。我聽力差，但她很有耐心，還寫字解釋：重慶是山城，騎自行車太辛苦，不能當交通工具。這時我恍然想起日本人也說「長崎人不會騎自行車」，因爲長崎也是多斜坡，騎車很費勁。

不單長崎，日本有很多對不同地方的人的刻板印象，最常被拿來比較的是大阪人和東京人。

關於大阪人的說法是：熱愛職業棒球隊「阪神虎」；貧嘴、愛說笑話、急性子等。最有名的形象是「大阪的大媽」——愛貪便宜、濃妝、熱情過頭、大嗓門，在日本是大家覺得既麻煩又親切的形象。東京人則相反，被認爲難以親近、謹小慎微、城府深等等。當然，大阪人也有不愛說笑話的，東京人也未必都很冷淡。

不過大阪和東京的飲食習慣確實不太一樣，大阪（或關西）的馬鈴薯燉肉是用牛肉，東京（或關東）則多用豬肉。夏天的涼粉，在東京拌著醋、醬油和芥末吃，大阪人會沾著紅糖煮成的「黑蜜」，當甜點吃。

我母親出身茨城縣，是離東京不遠的關東地方，而我父親是在大阪附近長大，成年後才來東京結婚成家，他的口音與生活細節還留有關西風格。我是從小就在關東長大，但因爲父母出身不同，生活中仍會遇到關東和關西的區別。過去正月裏，父親家鄉會寄來手打年糕，白胖的圓形年糕裝了滿滿一箱，而自家附近買到的年糕都是長方形的。

到四月份櫻花開的時候，母親會到和菓子店買「櫻餅」給愛吃甜品的父親。但他會說，用「道明寺粉」做的的關西風味更好吃。我稍微大些後才吃到關西的櫻餅，父親說得沒錯，黏黏的麻糬外皮和微鹹的櫻花葉搭配，散發出柔和清新的櫻花香味。

說到櫻花，我還有一個與彩霞的約定始終沒有實現。買了二手自行車的那一天，我載著彩霞在四川大學校園裏兜風。背後的彩霞問我日本是不是有很多櫻花。我點頭說是。彩霞說重慶也有櫻花，很漂亮，明年請我一起去看看。我邊答應邊想像，那些有斜坡很多無法騎車的城中落英繽紛的櫻花樹。

有時候我憶起川大，腦中會浮現出櫻花盛開的校園裏，騎車上課的自己。但仔細想想，川大好像沒有那麼多櫻花樹啊。看來是彩霞的那番話給我印象太深。

所需時間　45 分鐘

櫻花小飯糰材料：

米飯　1 人份（剛煮好的）
醃製櫻花　2-3 朵
黑芝麻　少許

海苔肉捲材料：

海苔　1 張（捲壽司用的大小）
雞胸肉　約 100 克
胡蘿蔔　1 小段
太白粉、醬油、料酒　各半湯匙
蔥末、薑泥　各適量

配料材料：

香菇　3-4 朵
青菜　適量
雞蛋　1 顆
醬油、料酒、白醋、白糖、鹽、
　黃芥末　各少許

醃製的櫻花不太容易在臺灣的商店裏找到，若有機會可以網購或在日本超市購買。購買要適量，因為用途不是特別多。飯糰上的醃製櫻花可食用，若不習慣，吃的時候拿掉即可。櫻花的清淡味道留在飯糰上，饗有春天的氣氛。

製作步驟：

1 準備醃製櫻花：

醃製櫻花先用開水洗淨，放在紙巾上吸收多餘的水分。

2 做小飯糰：

米飯放在保鮮膜上，做成四個圓筒形的小飯糰。飯糰上直接放上醃製櫻花，或撒點黑芝麻。

3 做海苔肉捲：

胡蘿蔔切成每邊長 0.5 公分的小方塊，與雞胸肉餡一起放在小碗中。準備蔥末、薑泥、太白粉、醬油和料酒，與肉餡攪拌。乾淨的布塊上放一張海苔，用湯匙直接鋪上肉餡。記得海苔一邊留空 1.5 公分。從另一方捲起海苔。

4 煎肉捲：

平底鍋中放一點點植物油，開中火煎海苔捲。加熱時間大約7-8分鐘，按海苔捲的厚度調整加熱時間。

5 做香菇煮物：

香菇用布擦淨放入小鍋，加入料酒（1湯匙）、白糖（1湯匙）、醬油（半湯匙）和少許開水，加熱7-8分鐘。

6 做涼拌菜：

燒一鍋水，放入5-6公分長的青菜，燙半分鐘。放涼後瀝乾水分，加少許芥末、白醋和醬油拌勻。

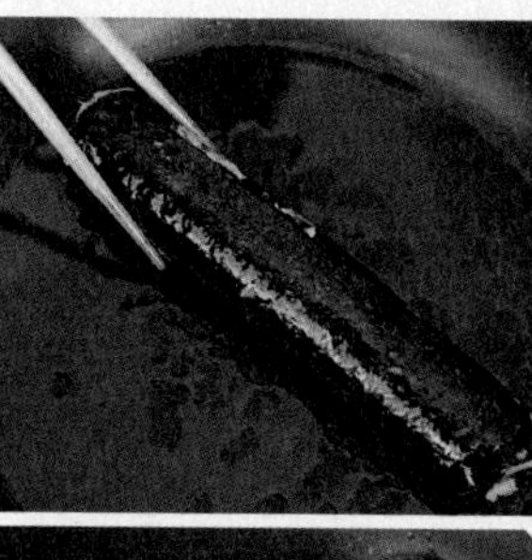

櫻餅

關東版櫻餅（さくらもち），據說東京的長命寺首創該點心。太白粉混合糯米粉做的薄餅對摺，中間放紅豆餡，再用鹽漬櫻葉包起來。我個人吃關東版櫻餅時不太會吃櫻花葉，就留在盤子裏。

關西版櫻餅，別稱「道明寺」（どうみょうじ），在大阪有同名寺廟。將圓糯米泡水、蒸透後磨成細顆粒的「道明寺粉」，泡水後製成麻糬外皮，餡料爲紅豆，再以鹽漬櫻樹葉包裹。感覺關西版櫻餅和櫻花葉很搭配，自然就會吃下去。

醃製櫻花是什麼？

醃製櫻花用的是花瓣層疊的「八重櫻」。洗淨、撒鹽、浸泡在白梅醋中，之後再經晾曬而成。在日本稍微大一點的超市裏冠名「櫻茶」（さくらちゃ）或「櫻花鹽漬」銷售，40克一小盒大約四百日圓，一般擺在「茶、咖啡」類的貨架上。

醃製櫻花最常做成「櫻茶」。醃製櫻花過水輕輕洗一洗，放一兩朵在茶杯裏，沖入開水即可。層疊的花瓣在水中展開，十分賞心悅目。因爲櫻花茶漂亮喜氣，常見於婚禮、相親和重要的會議場合。但是我不覺得櫻花茶好喝。小時候第一回見櫻花茶，覺得裏面有一朵花眞可愛，以爲味道也一定很好。結果櫻花茶的淡淡鹹味與特別香氣與我的甜美期待差得太遠。

醃製櫻花的用途多，做小蛋糕、餅乾上或果凍裡放一朵，優雅美觀。醃製櫻花洗淨，輕輕擦乾後還可以拌入白飯。

櫻花一般作用是「美觀」，對口味的幫助不是很大。我覺得唯一用得巧妙的是櫻花紅豆麵包。紅豆麵包中間放一朵醃製櫻花，好像麵包的肚臍。這是東京銀座的點心店「木村屋」首創的，據說明治天皇和皇后也非常愛吃。紅豆的甜味和櫻花的鹹香是絕配。

超市裡的紅豆麵包很少用到醃製櫻花，我若有機會經過東京的松屋、高島屋、伊勢丹等百貨公司，會到地下一樓的食品店看看，若有木村屋就買幾個紅豆麵包。大約比一般的紅豆麵包稍微貴一點。不過依我父親的說法，帶櫻花的紅豆麵包才是「正品」。

平成版
蘿蔔飯便當

阿信家的蘿蔔飯

我剛到四川留學時，大家總愛提起「阿信」。那時候我和人基本上透過筆談交流，看到紙面上的「阿信」字樣，我會感到一陣親切。

《東京愛情故事》引進中國之前，中國最有人氣的日劇就是《阿信》吧。那是ＮＨＫ電視臺的「連續電視小說」系列，日本的首播是在一九八三年週一到週六早上八點，每次只有十五分鐘，中午和下午都有重播。記得那時我剛升上小學，晚飯前與母親一起看。小阿信和當時的我年紀差不多，小林綾子眼睛大大的，很可愛，我一下子就被吸引住。

阿信的苦和怨，六、七歲的我還不太能體會，只覺得被賣作童工很辛苦。遇到自己學習不用功，而被母親責罵時，我會邊哭邊想，還不如離家做傭人啊！我從五歲開始學古箏，母親讓我每天練習至少半小時，若偷懶就會被打罵。這時候我更會想起阿信。現在回憶起來自己也覺得好笑。阿信爲家人的食物而失學，而我順順當當念完幼稚園升入小學，還能學古箏。不過，當時我確實以阿信爲榜樣，遇到「困難」就會用「阿信精神」鼓勵自己。

顯然中日觀眾都很喜歡這部電視劇。據ＮＨＫ電視臺介紹，曾有新潟縣（稻米的名產地）的熱心觀眾寄了六十公斤稻米到電視臺，說是要贖回阿信！因爲七歲的阿信爲了一俵（約六十公斤）稻米而去有錢人家中做幫傭。導演江口浩之回憶，甚至有觀眾寄錢給「阿信」和她媽媽。最後，錢原封退還，六十公斤的米倒是派上了用處。在後續的拍攝中，阿信吃的「蘿蔔飯」就用新潟米來煮。

說到「蘿蔔飯」，那是劇組在山形縣外景地調查出的「窮人料理」。每遇荒年，窮人就得吃摻著蘿蔔的米飯騙肚子，而且常常是「連白蘿蔔飯都吃不飽」。至於味道，根據劇組的報告，當地老人們的一致回憶是「不好吃」。

不過我小時候總相信蘿蔔飯的味道不錯，還吵著讓母親做。母親被我纏得沒辦法，只好把蘿蔔纓子切碎，用沙拉油炒一炒，加鹽調味後拌入白米飯。「阿信吃的好像不是這個啊……」我嘟噥著向母親抱怨，結果招來一頓罵：「小阿信哪像你那麼麻煩！」一旁的父親苦笑起來，開始給我講解蘿蔔飯是怎麼回事。把白蘿蔔切成米粒般的小丁，與稻米一起煮。混合比例大約一比一。遇上荒年，白蘿蔔比稻米還多。蘿蔔飯水分過多，若用醬油來調味也許還湊合，但貧農們哪有這麼奢侈。父親說吃蘿蔔飯容易騙飽肚子，幫窮人節省口糧。若能配著其他炒菜、燉肉來吃，味道還湊合。若像阿信這樣天天吃，一定很難受。

父親小時候雖沒阿信那麼艱苦，但過得也不輕鬆。他兒時的「阿信料理」是麥飯便當——稻米摻和大麥煮成的飯，而且大麥明顯多過稻米。祖母當年要照顧好幾個孩子，沒時間給父親做便當，他就自己拿出鋁製飯盒，挖上幾勺麥飯，中間擱一粒自家醃製的梅乾，用報紙包好帶去學校。由於比重不同，煮成飯後大麥上浮，稻米下沉。頭幾次父親吃到「全麥」便當後，才學會吃麥飯前要好好攪拌。據說麥飯溫熱的時候味道還行，冷掉後就有一股難聞的味道。爲了不讓同學笑話，父親每次打開便當盒，就用左手豎起蓋子，一邊掩護麥飯，一邊狼吞虎嚥。由於總帶梅乾，鋁製飯盒蓋子上都腐蝕出了一個小洞。

到了我這一代日本人，食品供給過剩，人們反而爲減肥而苦惱。受「阿信蘿蔔飯」的啓發，我在高中時做了「蘿蔔小丁粥」，白米粥裏放了白蘿蔔小丁，加上熱量超低的蒟蒻煮成。味道一般，配了點醃製蘿蔔乾還湊合。吃完蘿蔔粥後，有時半夜會餓醒，第二天早餐吃得很香，自然減肥無效。現在日本食譜裏蘿蔔飯早已不是阿信的版本：把白蘿蔔切小塊，按個人口味加豆皮薄片與白米、少許醬油、料酒等調料煮成米飯。若有蘿蔔纓子的話，切碎後用沙拉油炒製，加點白芝麻撒在蘿蔔飯上。這樣就能做出美觀、營養且熱量較低的「健康飯食」。

說到健康飯食，我也喜歡煮雜糧飯。糙米、大麥、小米等雜糧含有豐富的B群維生素，膳食纖維、花青素等含量也比精米高，有抗氧化、抗衰老的效用。雜糧的口感豐富，咀嚼次數自然會多些，人容易有飽足感，這是雜糧飯有助減肥的奧祕。

不過我父母好像都不喜歡雜糧飯，估計在他們的心裏，我仍是鬧著要吃「阿信蘿蔔飯」的小學生。

所需時間　40 分鐘
分量　2 人份

蘿蔔飯材料：

米　2 人份
白蘿蔔　1 小段
醬油、料酒　各 1 湯匙
鰹魚粉　少許，按個人口味
柴魚片　1 小包，按個人口味

配料：

胡蘿蔔　1 根
雞蛋　2 顆
蘿蔔纓　1 把
香菇　6-7 朵
白芝麻　少許
沙拉油、醬油　各適量
白糖、鹽　各適量

蘿蔔纓切碎可以日曬兩三個小時，之後翻炒就會更有香味。另外，這次介紹的胡蘿蔔炒蛋做法是沖繩料理的一種，材料只有胡蘿蔔和雞蛋，簡單美味，營養很豐富。便當菜色太簡單的時候，我經常做這個來補充營養和色彩。按個人口味可以加罐頭鮪魚。

製作步驟：

1 準備蘿蔔飯：

白蘿蔔切一公分大小，與米一同放入電鍋裏，同時加入料酒、醬油與少許鰹魚粉（按個人口味），開始煮飯即可。因爲會加蘿蔔塊和調料，煮米的水量可比平時略少，免得煮出來的飯太軟。

2 處理蘿蔔纓：

將蘿蔔纓切碎，用少許沙拉油（或芝麻油）翻炒並用鹽調味。最後放白芝麻。

3 煮香菇：
將香菇擦乾淨。在小鍋裏放料酒（1湯匙）、白糖（1湯匙）、醬油（半湯匙）和少許開水，加熱7－8分鐘，關火、冷卻。

4 做胡蘿蔔炒蛋（1）：
用刨絲器擦胡蘿蔔絲，之後放入平底鍋裏。不用放油，開小火慢慢烘乾水分。

5 做胡蘿蔔炒蛋（2）：
置中火，胡蘿蔔絲變軟後倒入沙拉油（一湯匙）翻炒。打蛋，加少許鹽，並輕輕倒在胡蘿蔔絲上。不要馬上開始攪拌，等大約10秒鐘，以便蛋汁稍稍凝固。用筷子輕輕攪拌，讓蛋汁熟透，關火。

幕後工夫——多層化

本章蘿蔔飯也許讓人覺得味道太簡單，但只要在細處下點功夫，就能讓普通的便當擁有層次豐富的口感。

「多層化」是日式便當裏的常見小竅門，便當盒裏先放入少量米飯，上面鋪滿柴魚片或蘸有醬油的海苔後，再放入米飯。這是過去沒有加熱設備，爲了讓冷飯能好吃點，人們想出來的方法。

1 第一層：在便當盒裏放入薄薄一層米飯。

2 準備柴魚片：一小包柴魚片放入小碗，加少許醬油攪拌。

3 第二層：將調味後的柴魚片鋪在米飯上。

4 第三層：柴魚片上再鋪一層米飯，最後撒上調味蘿蔔葉即可。

大阪燒
便當

父親的大阪燒

小時候通常是我母親下廚，但到了週末，父親有時也會負責午餐或晚餐。現在想起來，這是父親的「家庭服務」之一。父親工作繁忙，常到國外出差，平時吃晚餐時也不在家，我快要睡的時候才回來。早上我迷迷糊糊地從二樓下來，父親已經吃完早餐出門了。很多週末是我和母親（後來還有妹妹）單獨度過的，全家能聚餐的機會並不多。

父親做的午餐比較簡單，他喜歡做從美國學來的「培根目玉燒」（培根荷包蛋），配吐司、咖啡，再加外賣的馬鈴薯沙拉。父親做的晚餐是典型的「男子料理」，日式炒麵、炒飯、烤肉、拉麵等「做得快」、「香味足」、「熱量高」的料理。母親有些消受不了，抱怨說：「只能偶爾吃一次」，而當時念小學的我就特別喜歡這些料理。

我第一次吃到大阪燒也是在這樣的週末。父親邊打蛋邊跟我說：「今天給你做御好燒（おこのみやき）。」我聽得一頭霧水，只能去廚房解謎。只見父親在碗裏和著麵糊，再加入切絲的高麗菜。母親在餐桌上準備好了電熱板，等我們都坐定後，父親開始表演「御好燒」做法。

父親在大阪一帶出生，從小吃「御好燒」長大。據他說，小時候吃的御好燒是雜貨店阿姨做的。小朋友們玩累了，到雜貨店請阿姨出來現做：在鐵板上塗上麵糊，撒上高麗菜、大蔥、柴魚片，再來點「辣醬油」（又稱伍斯特醬），用小鑳摺起。現在的御好燒有兩種，「大阪燒」和「廣島燒」，前者的麵糊比較多，後者蔬菜分量足還外加麵條。父親正在做的是大阪風味，在麵糊裏拌入高麗菜等材料，豬肉片也在鐵板上烤好，再塗上醬料。最後按個人口味再加美乃滋和柴魚片。

父親邊介紹御好燒的前世今生，邊把做好的分給我和母親。母親不太喜歡這種「粗糙的便宜貨」，但對我來說，這可是從沒嘗過的好東西！更讓我開心的是，吃完御好燒，還有搭配套餐的甜點，也是在鐵板上燒的。父親把麵糊（太白粉、雞蛋和水）澆在鐵板上做成小餅，上面放些豆沙。就這麼簡單，熱乎乎的麵餅上點綴著剛從冰箱拿出來的豆沙，感覺特別搭配。這個創意好像連母親都誇獎過。

長大後，好幾次在外面吃御好燒。有的店是端上做好的，有的是在客人面前現做的，還有每桌配上鐵板讓食客自己動手的。這幾種做法都不錯，但我總覺得外面吃的御好燒利潤太高……原材料是麵糊、高麗菜和一些肉片，但價錢總要六百日圓左右。而且小時候都是吃父親做的，腦子裏已經有一種「御好燒印記」。超過自家味道的御好燒，至今未見。

不過，「私房御好燒」也久違二十多年了。上次回國時，在廚房角落裏看到小時候用的鐵板，周邊的塑膠都變色了，不知還能不能用。想把它處理掉，但腦中浮現出父親做御好燒的身影……於是，我把鐵板放回原處。

所需時間　50分鐘
分量　2人份

大阪燒材料：

高麗菜　3-4片菜葉
山藥　1小段
小蔥　少許
蝦皮　半碗
雞蛋　1顆
麵粉　100克
鰹魚粉、起司　按口味酌加
柴魚片　半碗
調味醬　少許

雜燴湯材料：

豆腐　半斤
蒟蒻　半個（約150克）
芋頭　2顆
白蘿蔔　1/4段
胡蘿蔔　半根
大蔥　半根
麻油　2湯匙
料酒、鹽、醬油、鰹魚粉（或高湯顆粒）　各少許

雖然沒有加葷菜，但雜燴湯裏的多種蔬菜，加上大阪燒裏的脂肪和太白粉，是能夠吃飽的！可以按個人口味將起司換成豬肉片。大阪燒還是熱的好吃，享用前建議大家用微波爐加熱。

製作步驟

1 切雜燴湯材料：

白蘿蔔、胡蘿蔔、大蔥、芋頭削皮後切小塊。豆腐在筲籮上放半個小時，控去水分。隨後用手輕輕弄碎成小塊。

2 處理蒟蒻：

蒟蒻用手撕成小塊，使之入味。爲了去除蒟蒻的腥味，在滾水裏煮1分鐘後撈起，並將鍋裏的水倒掉。

3 煮雜燴湯：

鍋裏放麻油，將白蘿蔔、胡蘿蔔、芋頭和蒟蒻炒2分鐘，隨後放豆腐再炒1分鐘。鍋裏倒水煮開後，用小火煮約7-8分鐘。蔬菜煮透後加鰹

魚粉和鹽，再煮1分鐘。最後放蔥，煮開後加醬油調味，關火。依口味最後可以再加點麻油。

4 切大阪燒材料：

高麗菜切絲，起司切成小塊。山藥削皮後擦成泥。

5 準備大阪燒：

打蛋，與麵粉、冷水（約100毫升）、蔥花和山藥泥，攪拌1分鐘。再加高麗菜、起司和蝦皮後輕輕攪拌。

6 做大阪燒：

平底鍋裏放植物油開中火，油熱後將大阪燒材料分六次輕輕放入。用筷子快速將麵餅攏成圓形。

7 翻面：

麵餅下層呈焦黃後用小鏟翻面，再煎3－4分鐘。

8 調味大阪燒：

在煎好的大阪燒上先塗醬料，再塗美乃滋。最後撒柴魚片即可。

大阪燒的醬料醬

大阪燒的基本材料是高麗菜、蔥、蛋和麵粉，都可以在菜市場買到。按個人口味可以加豬肉片、海鮮等。

大阪燒起鍋後，上面塗一層醬料，撒點柴魚片就ＯＫ了。這個醬料可能不太好找，在此簡單說明一下。

大阪燒要用「日式醬料」，也叫「辣味醬油」或「伍斯特醬」，那是蔬果汁裏加鹽、糖、醋、香料煮成的調味料。在日本家庭餐桌上，辣醬油和醬料排排站是常見的。醬料按甜度、濃度等有不同用途，大阪燒用的一般偏甜。

這種醬料在雜貨店或普通超市比較難找，一般可以在進口食品多的超市（大百貨公司地下樓層）或日本食品專賣店購買。我在賣場看到過大阪燒專用醬料，但因爲味道偏甜，不太適合用在其他菜。出於節省考慮，還是買了普通（香濃型）口味。這種普通醬料可用於炒菜、炸豬排、炸雞塊等，做馬鈴薯沙拉、炒飯時也能放，味道會變得更香濃。

若是實在買不到，大阪燒可以配醬油和美乃滋。家裏醬料用完的時候我就是這麼吃的，也還不錯，口味偏清淡。不過使用醬油的時候，若沒有美乃滋就太清淡了，美乃滋是必配的。

法國麵包
三明治便當
1.Dans un récipient,
sees.
2.Mélanger ensemble
les pommes hachées.
3.Mélanger le contenu d
rajoutant du lait si la pâte
4.Beurrer des moules à m
dedans.
5.Cuire 20 minutes à 200°C
Biscuits à la noix
Ingrédients
•175g de farine
•3 cuillères à soupe de
•1 œuf
•375g de noix de

「法國三明治」的最佳吃法

我一直不太喜歡法國麵包，口感粗糙，一根要吃上好一陣子，若是忘了吃，過兩天就變硬。可能因爲自己不太懂章法，每次只是切片烤一烤，塗上奶油和果醬，配咖啡吃下去。總之，對我來說，法國麵包是不太友好的食物，直到幾年前的晚春。

那時我在法國務農，雖然農場主人夫婦對我很好，但有時候想要結交同齡的朋友。過了幾個月，慢慢認識了村子裏的年輕朋友Isa。她又介紹我認識了附近城裏的年輕女子德波拉。

她個子比較矮，眼睛大大的，是帶有神祕感的可愛女性，有一次我和她走進披薩店去，發現全店男性的目光都追隨德波拉轉去。她一微笑，中年男店主就變得飄飄然。

德波拉喜歡畫畫。有一次給我看她畫的森林裏的小精靈與花朵。並不是專業水準，但能看出她的內心世界與對美麗的憧憬。Isa之前給我看過德波拉送她的一個禮物，是中國的小屏風。想來是在城裏中國人開的雜貨店買的，上面是國畫風格的花和魚。德波拉說，有機會想去亞洲，比如中國、日本、還有越南。

她是個會害羞的小城姑娘，與我聊的不是特別多，大概看到我這樣的亞洲人（而且法語一般般）就不知道如何溝通吧。所以當時我都是透過Isa瞭解的。德波拉雖然比我年輕很多，不過那個時候已經做了媽媽（我一直以爲她身邊的小男孩是她的小弟弟），孩子是跟現在的男友生的。工作一直不好找，德波拉靠政府補助與自己做的手工裝飾品生活。與男友的關係也是時好時壞，照顧孩子更不輕鬆。有一次兒子在房間裏吵鬧時，德波拉用雙手蓋住自己的耳朵連續尖叫：不要啦！停止！夠了！

有一天晚上我在 Isa 家聊天時，她接到德波拉的電話。已是深夜，但 Isa 跟我說要一起去接德波拉。Isa 開車到市內警察局，原來是德波拉的男友懷疑她另有情人而大吵，男友開始打德波拉，她打電話向員警求助。兒子已經由外婆接走，她又不想回自己的家，沒辦法就打電話給 Isa，希望在 Isa 那裏住上一晚。德波拉頭上敷著冰袋，說男友下手很重，很擔心自己腦袋出問題。整個過程我不知道說什麼好。感覺以自己貧乏的法語辭彙說什麼都傻傻的。我躺在 Isa 家的沙發上，從客廳的老舊音響淡淡傳來雷鬼音樂，空氣中彌漫著大麻的味道，德波拉不時歎氣。

幾小時後的凌晨，Isa 開車去農場上班，我隨她回到村子裏。之後很久沒再見到德波拉了。我透過新認識的朋友找到別地的工作，過了春天就得離開農場，之後幾個月都沒有餘暇想德波拉了。

回國前的幾天，我去 Isa 家告別。坐在沙發上，屋裏仍是淡淡的大麻味，我又想起那天晚上的德波拉，問 Isa 她的近況。「挺好的，明天我到城裏辦事，要不去找她吧。」

我們坐在咖啡店外等德波拉。中午剛過，法國南部的陽光直射在我們頭上，熱得快曬暈的時候，德波拉終於出現。氣色好，有活力，笑著跟我倆打招呼，剛點了一杯飲料又起身叫住服務生問有沒有三明治。「沒有啊，」年輕服務生答道，目光溫柔。德波拉還是那麼有魅力，這是她的幸運和麻煩之源。德波拉很快從另外一家店買來一個乳酪三明治，坐回咖啡店的椅子，扯掉包裝紙就咬。

「我啊，」吃一口。「找到了工作哦。」一口。「美髮店，不錯的。」一口。「可能過幾年可以有一間自己的美髮店。」一口。「真的。」一口。「我覺得有這方面的才華。喜歡這份工作。」一口。「兒子？」一口。「好著呢。那個搗蛋鬼。」一口。我呆呆聽她說話，看她用餐。原來三明治是這樣吃的啊。看她大嚼三明治的樣子，我也很想點一個了。「好了！」沒幾分鐘，三明治都進了德波拉的肚子裏。

後來我吃法國麵包時都會想起德波拉。大概她已經不記得我了，我只是在她眼前偶然出現的亞洲女性而已。但這位法國小城的姑娘給我留下深刻的印象。她吃法國麵包三明治的樣子，多麼快樂，多麼有活力和希望。

離開法國後，我經過越南回到日本。越南曾是法國殖民地，當地生活裏還留有法國的痕跡，街上最常見的是法國三明治攤子。客人指定雞肉、荷包蛋、燒賣（大概是當地華人的創意。將熟的燒賣餡夾在麵包裏）等口味，加些香菜和魚露就ＯＫ，美味極了。

看到德波拉那麼個吃法，又學到越南三明治的做法，我已經變成法國麵包的粉絲了。旅居北京幾年，已經找到幾家不錯的麵包店。晴天的中午，我會帶上一份法國麵包三明治，水壺裏裝了黑咖啡，到附近公園坐下來吃。吃的時候儘量想著開心的事情，就像那天的德波拉，一口一口地想著好事吃。太美好？太樂觀？沒關係！就是吃一個法國麵包三明治的時間，讓自己開心，傻樂一下也不錯。吃完三明治，喝完咖啡，就拍拍屁股站起來，開始下午的工作！

所需時間　40 分鐘
分量　2 人份

法國三明治材料：

雞腿肉　1 塊（約 150 克）
法國麵包　1人份（約15公分長）
白蘿蔔、胡蘿蔔、甜椒、芹菜
　各 1 小塊
奶油　適量
魚露　少許
辣椒、洋蔥、香菜　按個人口味，
　各少許
鹽、黑胡椒　適量

這次介紹的是越南風味的法國三明治（越南語的夾肉麵包是 bánh mì）。走在越南街頭，常見攤主阿姨先用煤炭烤一烤小法國麵包，用小刀切開麵包，中間塗一層奶油或豬肝醬後夾入肉類、泡菜和香菜，最後加些魚露，放進袋子遞過來。

製作步驟

1 準備泡菜：
將白蘿蔔、胡蘿蔔、芹菜和甜椒切絲。

2 做泡菜：
將切絲的蔬菜與白醋（1湯匙）、白糖（半湯匙）和鹽調味。按個人口味放些辣椒。

3 煎雞腿：
雞腿肉上撒點鹽和少許料酒後，皮朝下放平底鍋，開中火煎。

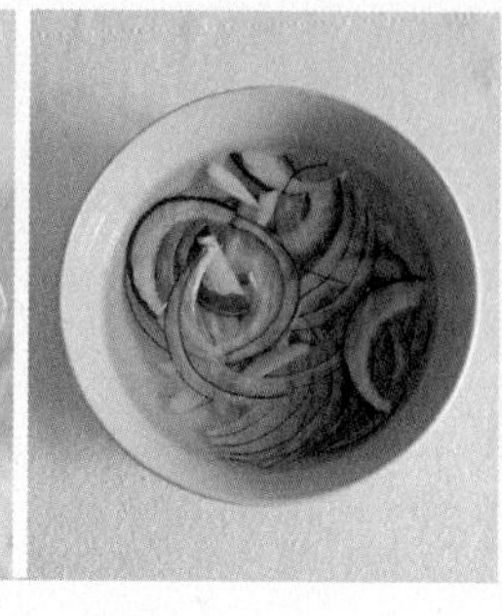

4 醃製雞腿肉：

雞腿肉煎熟後取出切小塊，趁熱放入小碗（盛皿）裏，放些魚露（1湯匙）、白糖（半湯匙）、白醋（半湯匙）和黑胡椒調味。

5 準備洋蔥：

洋蔥切薄片，放入開水中，一邊去除辛味。撈出瀝乾水分，備用。

6 做三明治：

從中間切開法國麵包，橫切面塗上奶油。先鋪一層洋蔥，之後放雞肉，和瀝乾水分的泡菜。最後放些香菜即可。

用小鍋自製「火腿」

外面賣的火腿雖然好吃，但不便宜，還得擔心添加劑問題。自製雞肉火腿只要有雞胸肉與普通調料就可以做，而且吃得放心。做好後可以用冰箱保存兩三天，拿出來切一切直接吃，或當便當主菜，或做成沙拉配料都可。

製作步驟：

1準備雞肉：一塊雞胸上撒點鹽、黑胡椒和半湯匙橄欖油，放在冰箱裏大約1小時使之入味。

2用錫箔紙包起來：把雞肉放在錫箔紙上，調整形狀並捲成圓筒形。

3煎製：置中火，在鍋裏直接放入錫箔雞肉捲。雞塊用筷子輕輕翻動，免得在錫箔紙裏燒焦，加熱時間大約2分鐘。

4倒水：往鍋裏倒入半杯水，小心燙手。馬上蓋上蓋子，開小火，加熱大約5-6分鐘。冷卻後打開錫箔紙並切片。

切片後就可以吃了。配上生菜，可以做成沙拉。雞肉火腿切片後用平底鍋油煎，就成爲低脂、美味的便當主菜。雞肉火腿還可以放入炒飯，或切片後蘸蛋油煎也不錯。自製雞肉火腿在冰箱保存時，建議連錫箔包裝直接放入密封食品袋，加熱或食用前再剝開。

炸蝦便當

炸蝦的魔法

幾年前，我和大學學姊M女士在東京一家連鎖餐廳見面。我們在大學都參加過羽毛球社，她畢業後工作一兩年就辭職結婚，現在偶爾出去打打工，基本上是讓人羡慕的全職家庭主婦。M女士育有一兒一女，女兒剛上小學，兒子在念中學。

可能因爲菜單上有一張炸蝦大圖，席間M女士笑咪咪地說起兒子的故事。「上星期兒子突然說要吃炸蝦，一副非吃不可的樣子。我趕緊跑去超市買。」兒子在餐桌上一邊大嚼剛起鍋的炸蝦，一邊報告學校的事。原來學校正在教三浦哲郎的〈盆土產〉，文中講到外出打工的父親，難得回家探親，如何給孩子做炸蝦。三浦哲郎的文筆細膩，炸蝦的香味和口感都寫得活靈活現，中學生都迷住了。聽M女士說，那幾天好些學生都央求母親做炸蝦，班上掀起一股「炸蝦風」。

回想起來，〈盆土產〉也是我中學時的課文。老師念到吃炸蝦那段就歎氣道：「哎，肚子眞餓呀！」引起全班同學一陣爆笑。作者三浦哲郎出身日本東北的青森縣，曾得過芥川文學獎。〈盆土產〉是短篇集《冬雁》中的一篇，講述山村裏的一個家庭故事：母親去世得早，留下一兒一女。當地沒什麼賺錢的機會，父親只得把孩子託給祖母，背井離鄉去東京打工。每年只有元旦和夏天的盂蘭盆節（注：農曆七月十三至十六日）兩次探親機會，回來得坐八小時的火車，再加一小時的公車。

孩子們都很期待父親回鄉。一年夏天，祖母收到從東京發來的電報：「盂蘭節歸，十一日夜班車。土產炸蝦，請備油和醬料。」

孩子見過小河蝦，也吃過學校午餐裏的炸魚，但不明白「炸蝦」是怎麼回事。家裏附近河裏有小蝦，但那麼小小的蝦怎麼炸呀？是不是很多小蝦放一起炸？還是統統弄碎做成可樂餅？姊姊和祖母也說不清楚。

盂蘭盆節終於到了。風塵僕僕的父親經過一路顛簸，帶回來六隻大海蝦，已經摘去蝦頭，去殼裏上麵粉、蛋汁、麵包粉後冰凍起來。爲了保持新鮮，盒子裏還放了幾塊乾冰，孩子都看呆了。

平時都是姊姊下廚，但這次父親親自動手。不一會兒，滿屋都是麵包粉微焦的香味，金色大蝦起鍋了，輕輕咬上一口，透過熱乎乎的麵包粉，緊緻的蝦肉發出輕微的響聲……忽然祖母咳起來，姊姊趕忙幫著捶背。半晌，祖母吐出了大蝦的尾巴。父親笑著說：「您沒了牙齒，不要勉強，這蝦尾巴本來就不吃的。」父親說得太晚了，姊弟倆都把大蝦連尾巴吃得一乾二淨。

父親只請了一天半的假，次日晚上就得趕火車回東京。第二天早上，父親不敢耽誤，帶著全家人去掃墓。祖母喃喃念著佛經，弟弟好像聽到「炸蝦」。也許祖母把昨晚的美食說給媳婦和亡夫聽。

由於家在山村，得先乘汽車去附近城鎮才能搭上火車。父親要去坐傍晚的末班公車，弟弟送他去車站，下次見面就得等到正月了。告別時，弟弟本想說再見，但爲了不掉眼淚，也爲了小小的撒嬌，最後只蹦出「炸蝦」兩個字。父親苦笑著說：「知道啦，會買的。」就上了公車。

中學讀到這篇課文時，印象最深的是吃炸蝦，尤其是尾巴的那段。如今重讀，吸引我的是兒子眼中的父親，以及當時日本社會的風貌。故事中，弟弟看著六隻蝦納悶，不知道四個人該怎麼分。父親便說：「你和姊姊一人兩隻，我和老人家一人一隻就好。」天下的父母，都是差不多的。

而在我的童年回憶裏，炸蝦總和百貨公司連在一起。有時到了週末上午，母親看起來心情不錯，吃完早餐匆匆打掃房間，吩咐我換上新衣服。然後母親自己也開始梳妝起來。這時我就猜到全家的週末活動：逛百貨公司！

和父母（確切說是我和父親陪著母親）一起挑衣服、陶器或家具，其實不太有趣。有時候，我還被母親的香水味熏得有點頭暈。不過，爲了百貨公司餐廳裏的兒童套餐，還是值得一上午的耐心等待。記得套餐裏有迷你漢堡、番茄醬調味的西式炒飯（上面插著小國旗，不知是哪國的），甜點是小布丁，還有讓我雀躍的炸蝦。雖說「百貨公司版炸蝦」的外皮較厚，裏面的蝦肉沒多少，但記憶中總是很美味。這可能是百貨公司的魔法。

過去的日本，裏著「高島屋」、「伊勢丹」包裝紙的東西總顯得高檔體面。全家人一起去百貨公司，那種高揚的氣氛和去迪士尼樂園相仿。不知不覺中，百貨公司的風采漸褪，顧客逛街的穿著也日見隨便。如今。女生素顏騎車去百貨公司也沒問題。隨著商業和物流的發展，百貨公司已沒什麼獨家俏貨。我幼時的「炸蝦魔法」恐怕也不靈驗了。失去了「魔法」的是百貨公司、時代，還是我自己？也許我該再仔細讀讀三浦先生的〈盆土產〉。

所需時間　40 分鐘
份量　2 人份

炸蝦材料：

草蝦或明蝦　6-7 隻
雞蛋　1 顆
太白粉（麵粉也可）3 湯匙
麵包粉　3-4 湯匙
料酒、鹽　各少許
美乃滋、番茄醬、黑胡椒　各少許

配菜材料：

綠花椰菜　半顆
料酒、植物油、鹽、白胡椒　各少許
花椰菜　半顆
白醋、白糖、鹽、
黑胡椒、乾辣椒　各少許

這次用草蝦做炸蝦，但也可以用大明蝦。用到步驟4的蝦可以冷凍保存約1個星期，從冰箱拿出來直接炸即可。炸蝦可以搭配美乃滋、塔塔醬、奧羅拉醬（美乃滋裏混合番茄醬而成）或醬料。

製作步驟

1 處理蝦子、挑沙腸

蝦子去頭剝殼（留下尾巴），用牙籤或小刀挑出沙腸。用料酒和少許鹽去腥。若喜歡不彎曲的炸蝦，可用刀在蝦肚上劃2-3下，這樣油炸時蝦不會彎曲。蝦子用乾淨的布吸除多餘水分，否則炸時容易濺油。

2 準備油炸

先準備三個小碗或盤子。蛋汁打勻，太白粉、蛋汁和麵包粉分置三碗。

3 裹上外層：

按太白粉、蛋汁、麵包粉的順序裹上外層。先捏著蝦尾，均勻裹上太白粉，蝦尾不需裹粉。接著裹一層蛋汁，最後沾上麵包粉。另一隻手輕輕壓住並固定蝦子上的麵包粉。

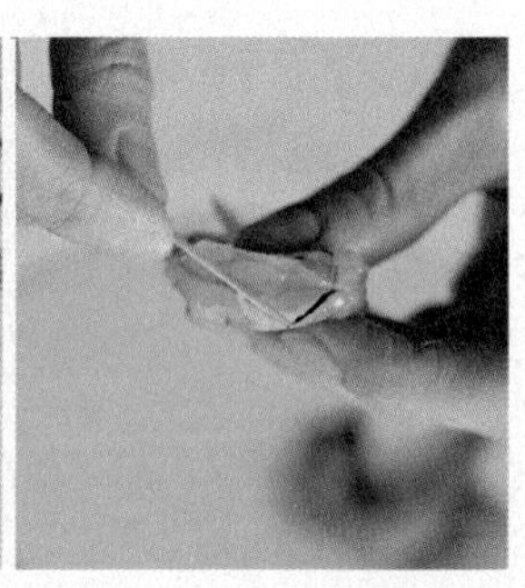

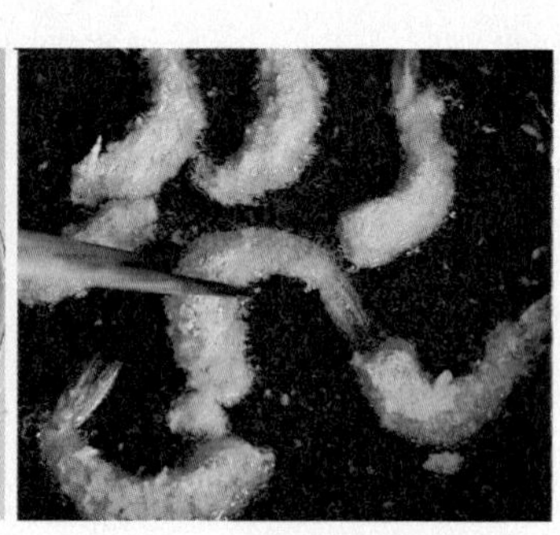

4 油炸：

在鍋裏倒入油，開中火。油溫升至170到180度時，往鍋裏輕輕放入蝦子。

5 撈起炸蝦：

等到蝦子的尾巴變紅，翻面繼續炸，直到兩邊都變成黃金色。最後把火調大一點，大約5到10秒後把蝦子撈出，放在吸油紙上。

6 做炸蝦調料：

美乃滋和番茄醬混合後用保鮮膜包起來，直接放入便當盒一角即可。吃飯時用牙籤刺一下保鮮膜，把裏面的醬擠出來。

7 炒綠花椰菜：

將綠花椰菜切小塊。開中火，放入平底鍋裏加熱約1分鐘。往鍋裏放入少量水並蓋上蓋子，把綠花椰菜燜熟，熟透後放少許鹽和植物油炒1分鐘。

8 做花椰菜泡菜：

白醋（4湯匙）、白糖（1湯匙）、少許乾辣椒、鹽和黑胡椒放在小鍋裏，開小火加溫。讓調料充分融化即可，不需要煮開。關火，放入密封容器裏備用。將花椰菜切小塊，用小鍋水煮1分鐘後瀝乾水分，趁熱倒入密封容器裏，與調料攪拌即可。在放冰箱一個晚上後味道更佳。

炸蝦就是天婦羅嗎？

第一次幫先生準備日式炸蝦便當時，他下班後跟我說：「今天的天婦羅不錯哦！」非常感謝丈夫的誇獎，但日式炸蝦（エビフライ）和天婦羅（天ぷら）是兩件事。正式的日本料理店都有天婦羅，但不會出現日式炸蝦。聽起來有點怪吧。

「天婦羅」是很有代表性的江戶料理，海鮮或蔬菜外面裹上麵糊油炸，搭配鰹魚風味的調味汁享用。至於「炸蝦」，裹的是更洋氣的麵包粉和蛋汁，炸好後蘸美乃滋或塔塔醬吃。兩種做法都不錯，不過風味還是有所不同。

「炸蝦」介於日本料理和西洋料理之間，受「天婦羅」啓發，並參考了西式炸魚。在日本，第一本介紹西洋料理的書是一八七二年明治時代出版的《西洋料理通》，書中介紹了炸魚，但炸蝦尚未登場。一八九五年，接著出版的《日用百科全書．實用料理法》（大橋又太郎編）和《家庭叢書 第八卷 家庭簡易料理》（民友社編），書中第一次出現了「炸蝦」。

明治時代後，「炸蝦」隨著「的洋食屋」（提供西方菜的餐廳）的出現而爲人所知。但眞正普及到家庭餐桌，是在二戰結束後。物質的豐富加上冷凍技術的提高，炸蝦漸漸不再是奢侈品。一九六二年，「加卜吉」水產公司開始販售冷凍「紅炸蝦」。那是調理好並裹上蛋汁、麵包粉的半成品（就是本章步驟1的最終狀態）。買來放進冰箱，想吃的時候拿出來油炸即可。非常方便。我估計那就是三浦哲郎的故事背景，冷凍炸蝦當時很受歡迎。據一九七七年的《朝日新聞》報導，當時冷凍炸蝦的年產量約爲一萬八千五百噸，占冷凍食品的四成。

現在的日本超市裏能看到各式冷凍炸蝦，近年的食品保存技術更進步，味道越新鮮。早上拿幾隻出來，放進烤箱或微波爐加熱，可以說是家庭主婦的小小福音。

鮭魚便當

小學一茶

大家在家吃飯時配什麼飲料？

生性懶惰的我，會喝白開水或即溶咖啡。不過，先生帶便當的早晨，我會順手給自己做一份便當。到了中午，往往搭配家鄉的綠茶。在準備茶葉、等水煮開的那一小段時間，我會想起小學裏的「烹飪實習」。

在小學的頭四年裏，我一直盼望升上五、六年級。因爲那兩年好玩的事情很多：照顧剛入學的新生；參加運動會的高難度項目；飼養學校動物組的小兔子；參加畢業旅行等等。其中最讓我期待的是「家庭科」課程，這是日本小學五、六年級的必修課。每週兩節，學的都是家庭生活的基本知識，回想起來大致分爲四類：人際（和家人、鄰居的關係）、飲食（營養、烹飪基礎）、衣著（洗衣、縫紉、收納）和消費購物。小學五年級的春天，終於拿到帶著墨香的家庭科課本時，我迫不及待翻到食譜那一章：日式燉菜、義大利麵、白玉糰子、味噌湯……想像做這些菜時的模樣，感覺自己長大了點。

櫻花凋謝，新綠萌發。四月某日放學前，班主任寺本老師（因他的鼻孔比較大，我們叫他「河馬」老師，老師也笑咪咪地接受了）走到黑板前，照例寫下第二天的課程安排：第一節國語、第二節算數、第三節體育……第五六節「烹飪實習」！全班一下子熱鬧起來，搶先舉手的是「小喇叭」實川君：「嗨嗨！老師！老師！我們做什麼菜呢？要從家裏帶些什麼？」「河馬老師」露出神祕的微笑：「別忘了帶三角巾和圍裙！起立！敬禮！明天見！」

第二天終於到了烹飪實習課，老師先問起大家平時在家喝些什麼。回答有自來水（當時瓶裝水尚未普及）、牛奶、果汁等等，但最有人氣的還是綠茶。然後老師宣布：「第一次的烹飪實習要學的東西很重要，而且很有用，那就是如何倒茶！」

教室裏的氣氛微妙起來。以爲可以做點好東西吃，到頭來只是學倒茶？幸好同學都很喜歡「河馬老師」，還是有興趣聽他講下去。

大家先學了茶葉的簡單分類、沖泡分量、適宜水溫和水量，老師接著問倒茶方式：若要給幾位客人倒茶，什麼樣的順序比較好？Ａ倒滿第一個杯子後再倒其他幾杯。Ｂ每個杯子裏倒一些，再輪流添加。Ｃ隨便倒都一樣。

這時我想起媽媽在家倒茶的樣子。母親總是先在一家三口的三個杯子（妹妹還不到喝茶年齡）裏各倒一點，好讓每個杯子裏茶的濃度和溫度均勻。母親常常囑咐我，倒綠茶時水壺裏要倒完最後一滴水，這樣第二、三泡茶的香味會好一些。這是我喜歡家庭科的原因之一，感覺和家庭生活更接近些。

緊接著，老師帶全班同學到「烹飪教室」，教室裏頭擺著十多張小桌子，每張桌子配有煤氣爐和水槽。教室後頭的玻璃櫃裏，整齊擺放著各種餐具和料理工具，當然也少不了茶壺、茶杯。「河馬老師」在每張桌子上擺好小碗，裏面擱好茶葉。雖然是再普通不過的品種，但小朋友都覺得很珍貴。男生拿起碗聞一聞，免不了被女生奚落。然後大家先煮開水，同時將茶葉放入茶壺。杯子洗淨後，注入開水再倒回茶壺，這樣做是爲了暖杯、降低水溫、控制水量。泡上一分鐘後，可以開始倒茶。「每個人都要參與哦！」班主任囑咐我們。

小學五、六年級剛好是男女生的對立時期，平時怎麼看怎麼不順眼的男女同桌，在烹飪實習期間暫時「休戰」。我喝他倒的茶，他也在喝我倒的茶，感覺怪特別的。

「請用茶。」

「呼……好好喝啊！」

「眞的麼？」

「啊，請再來一杯！」

同學們都沒想到倒茶那麼複雜，更驚訝茶會如此好喝！記得鄰桌的男生一口氣喝了四杯！

回到家後，我迫不及待倒了綠茶，差不多是逼著母親喝下。

「哎，怎麼這麼好喝？好幸福哦。」

母親誇張的稱讚讓我特別驕傲，等父親回家一定再倒給他喝。

「哇，女兒太厲害了，比媽媽泡的好喝多了！」

哈哈，父親誇過頭了，讓媽媽有點不高興。但我還是特別開心，覺得「家庭科」裏學到的東西眞有用。

是啊，確實有用，之後自己倒的無數杯綠茶都是按照「河馬老師」的教導。今天，我在北京陋室裏喝綠茶吃便當，想起在大教室裏戴著三角巾和圍裙，乖乖坐著喝綠茶的三十八位小朋友。時隔二十五年，我不禁微笑起來。

所需時間　30 分鐘

分量　2 人份

烤鮭魚材料：

生鮭魚　2片（大約各 70 克）
太白粉、鹽　少許
白醋　3湯匙
白糖、料酒、醬油　各1湯匙
辣椒　適量，生或乾都可
甜椒（紅、黃）　各半顆
青椒　半顆
洋蔥　1/4 顆
植物油　少許

其他配料：

冬筍　1小段（真空包裝）
柴魚片　1小包（約3克）
海苔　適量（壽司用大片、或小片都可以。）
醬油、白糖、料酒、黑胡椒　各適量

日式便當裏鮭魚是最常見的菜之一，味道好，也不貴。日本超市裡常有特價鮭魚，有時候一片才50日圓。鮭魚可以直接放烤箱烤，而這次介紹的是醃製做法，用平底鍋煎，之後放入醃製液。最好醃製幾個小時後享用，所以前一個晚上做好，放冰箱，第二天早上直接拿出來做成便當就好。

製作步驟

1 製作醃製液：

在小鍋裏放開水（100毫升）、白醋（3湯匙）、白糖、料酒和醬油（各1湯匙），放少許鹽和辣椒切片，煮開後放入耐熱容器備用。

2 準備蔬菜：

將青椒、甜椒和洋蔥切絲。平底鍋裏放少許植物油，開中火炒蔬菜。蔬菜不需要炒太熟，最好留下脆脆的口感。炒好的蔬菜放入步驟1做好的醃製液裏。

3 準備鮭魚：

生鮭魚去皮後切2-3小塊。撒點鹽和胡椒後，再撒點太白粉。

4 煎鮭魚：

平底鍋裏放少許植物油，煎鮭魚。時間大約1－2分鐘，煎熟後關火，將鮭魚塊趁熱放入醃製液裏。

5 調味冬筍：

真空包裝的冬筍洗淨後切片。冬筍片放入小鍋或平底鍋，用少許料酒、白糖（半湯匙）和醬油（半湯匙）調味。最後往鍋裏放入柴魚片，拌上冬筍片即可。

6 米飯上鋪海苔：

米飯裝便當盒裏。海苔切小片，沾點醬油後鋪在飯上。

綠茶和和菓子

下午茶之友，銅鑼燒當之無愧。沒錯，就是哆啦A夢最喜歡的日式小點心。有時候便當比較清淡，我會另外帶銅鑼燒等點心作為午茶伴侶。銅鑼燒的材料很簡單，基本材料為麵粉、雞蛋和紅豆沙，在一般超市就可買到。除夏天外，做好的銅鑼燒用保鮮膜包起來可以保存兩三天。

在日本，四月四日又稱「銅鑼燒之日」。其來源如何?大家或許還記得，三月三日是女兒節，五月五日是兒童節（主要是為男孩慶祝），中間的四月四日就像夾著豆沙的銅鑼燒一樣，不拘男女能讓所有的人幸福!日語的幸福（しあわせ）剛好念成「碰頭的四」。微風和煦的某個春日，做幾個銅鑼燒，慢慢就著綠茶，幸福感油然而生。

以下為銅鑼燒的做法，製作時間大約半個小時。歡迎大家試試。

材料（可做大約5個銅鑼燒）：

麵粉　120克。（最好是低筋麵粉，也可用中筋麵粉。）
雞蛋　1-2顆
發粉（baking powder）　5克
白糖　100克（白糖可以減少20克，改成20克蜂蜜，增加銅鑼燒外皮的濕潤感。）
紅豆沙　200-300克
罐頭栗子　按個人口味

步驟1：混合材料：打蛋，加一半分量的白糖並用打蛋器混合，直到產生氣泡。再加剩下的白糖（和蜂蜜），繼續打勻。蛋汁的顏色泛白時加麵粉和發粉，再用打蛋器輕輕攪拌。

步驟2：做外皮：用平底鍋加熱少量植物油，調小火後倒入一勺麵糊。兩三分鐘後，麵糊表面凝固後翻面，繼續加熱半分鐘。做好的銅鑼燒皮放在盤子裏備用。這裡介紹的分量可以做八至十張皮。

步驟3：夾豆沙：銅鑼燒皮上放紅豆沙，按個人口味中間可以放一顆栗子。覆上另一張銅鑼燒皮，並用保鮮膜包緊，以便將皮和餡結合起來。最好兩三個小時後食用。

銅鑼燒餡的基本款是豆沙。按個人口味可以把豆沙減半，另外加上奶油，口味別致。吃銅鑼燒搭配咖啡、牛奶、綠茶都可。另外，所謂「日本綠茶」一般指的是蒸青綠茶，蒸汽殺青後在火上焙乾或在陽光下曬乾。沏日本綠茶以用軟水爲宜。記得沏茶時，壺裏的茶水要倒乾淨，再添熱水時能留有茶香。

青椒鑲肉
便當

小鳥資料館

晚春，清晨，陰天。母親拉開窗簾說：

「哎，這天氣……很難說哦。」

我打開冰箱，看能不能湊出兩人份的便當。蔬菜櫃裏躺著幾顆不太新鮮的青椒，既然還剩下一些絞肉，那就做青椒鑲肉吧。

青椒洗淨、縱向剖開後去籽。洋蔥切末，準備拌入肉餡，塡進青椒。青椒是綠的，肉末是茶色的，飯是白的，再準備「蘋果兔子」和玉子燒，就有紅和黃兩色了。

便當做了兩份，我和母親各一。整理櫥櫃時，居然翻出中學時代的便當盒。母親說，如有剩菜要放在冰箱裏時會用它。再一看，搭配那個便當盒的深紅色筷子也還在。二十多年過去了，自己似乎做了不少事，但仔細一想，好像什麼都沒做成。一邊消費地球資源，一邊吃空了一個又一個便當盒。

十點，和母親一起步行出門。和「小鳥資料館」約好的時間是十點半。

父母住在由丘陵地帶開闢出的新興住宅區，周圍尚保留有山地和水田。鄰居中有不少像父親這樣租下一塊地，週末以耕種爲樂的。「小鳥資料館」就位於這樣的菜田邊，這棟兩層小樓也是館長I先生的家。I先生是一位建築師，業餘愛好鳥類研究。最近他乾脆闢出部分自宅爲「小鳥資料館」，免費介紹本地的自然環境、小動物，尤其是小鳥。I先生每週二安排有「野鳥觀察會」。我回國的行程都蠻緊的，但這次把週二空出來，一到家就打電話預約。

我們剛好十點半抵達小鳥資料館，雨開始落下。我從小被稱為「雨女」，入學典禮、運動會、修學旅行（校外教學）、畢業典禮，都趕上下雨。至今「雨女」的功能沒有退化，難得回國一次，也碰不上好天氣。「到昨天一直是晴天，你一回來就下雨。」父母忍不住開我玩笑。雨中的「小鳥資料館」格外安靜，門口擱著空調遙控器，貼著一張小貼紙：「出去時記得關機」。門口還有一本留言簿，能看出不少人是從很遠的的城市來這兒。正翻閱著，I先生已穿著雨衣在外等候。

I先生已近中年，偏瘦，身高和我差不多。眼神沉著而溫和，想必是常年接觸自然界所致。「最近很少有人來參加觀鳥會啊。」I先生邊說邊遞來雙筒望遠鏡。對面林地有不少開著小白花的小樹，透過鏡片，能看清花瓣上的雨滴。I先生說，那是卯花（中文名為「齒葉溲疏」的灌木）。

從小鳥資料館到附近的山地，不過一百多步的距離。一進山裏，綠意更濃，我也不知不覺開始大口深呼吸。即便看不到珍稀鳥類，這樣和母親還有I先生邊走邊聊當季的花草，我已經很滿足了。

雨勢漸大，我和母親也都穿上雨衣。小鳥不怎麼露面，但時有啁啾啼鳴。我們都靜默下來，專注傾聽，安靜行進著。「尖銳的長音是山喜鵲，剛才粗短的叫聲是繡眼兒」，每次I先生低聲講解後，我們用點頭回應。聽到熟悉的黃鶯鳴叫，I先生提醒道：「到這個季節還這樣叫，估計是沒找到對象。」母親與我咯咯笑起來，好像真的聽出了「剩男」黃鶯的焦慮。

這一天的主角是蒼鷹，在日本已被指定為「準瀕危物種」，是很難見到的野生鳥類。這樣的珍稀猛禽就在我家附近築巢，讓我吃了一驚。其實，對鳥兒來說，人類是冒失的入侵者。我有些慚愧地舉起望遠鏡，往I先生指著的方向找了大約一分鐘，終於找到蒼鷹的鳥巢，裏面似乎還有雛鷹。母鷹緊張地望向我們這邊，更讓我感到抱歉。

翻過小山，抵達一片濕地，雨更大了。I先生很遺憾地說，看樣子要回去了。母親和我也有去意，三人原路返回，顧不上帶出來的便當了。回程經過I先生打理的菜地，他讓我們稍等，跑去摘了幾顆萵苣。回到小鳥資料館，I先生抱歉說：「天公不作美，下次來參加的話，免費。」然後把剛摘的蔬菜遞給我們。

母女倆步行到家，感覺雨小一點。取出原本要在山裏吃的便當，沏上熱茶，準備開動。我忽然想起，很小的時候我央求過母親把午餐做成便當，在家裏榻榻米上放塊布，坐在上面享受「室內野餐」。母親說：「I桑和別人有些不同，應該是個好心人吧。」我卻突然扯到：「小時候討厭青椒，但是蠻喜歡吃青椒鑲肉的。」母親說：「是麼？不太記得了。」

那次回國後不久，母親被診斷出肺癌晚期，之後的情況是不斷的住院、出院。我在北京，想到病重的母親，眼前會浮現起春雨中的那次觀鳥。

所需時間　40 分鐘
分量　2 人份

青椒鑲肉材料：

絞肉　150-200 克
洋蔥　1/4 顆
青椒　2-3 顆
雞蛋　1 顆
太白粉（或馬鈴薯粉）　1-2 湯匙
麵包粉　1 湯匙
沙拉油、鹽、胡椒、醬油　各適量

配料：

高麗菜葉　3-4 片
玉米粒　1 小碗
胡蘿蔔　少許

做青椒鑲肉時，很常見的失敗就是青椒和肉餡分開，結果做出青椒形狀的漢堡肉和大塊炒青椒。為避免這種情況，鑲肉餡前可以在青椒裏撒太白粉，加熱時先把肉餡部分朝下加熱。避免多次翻面，輕輕翻一次面，蓋上鍋蓋燜即可。

製作步驟

1 做肉餡：

洋蔥切末，和蛋、少許醬油、太白粉（半湯匙）、麵包粉（一湯匙）、鹽和胡椒一起拌入肉餡，用手拌勻。建議適當多加鹽和胡椒，這樣不加醬汁，味道也夠，適合做便當菜。

2 處理青椒：

將青椒洗好、豎著剖開後去籽。用濾茶網往切開的青椒裏面撒點太白粉（或馬鈴薯粉），備用。

3 填肉餡：
青椒裏填入肉餡。要塞得緊一些，免得裏面有空氣，導致加熱時青椒爆裂。

4 油煎：
把肉餡面朝下放置，用中火煎至少5分鐘。微焦後翻面，改小火繼續加熱，確保肉餡熟透。

5 燜製：
往平底鍋加入100毫升的酒或水，火調稍大，蓋上鍋蓋燜一會兒，讓肉餡熟透。青椒鑲肉起鍋，可先放上在鋪著吸油紙的餐盤上去油。

6 做配菜：
高麗菜和胡蘿蔔切絲，罐頭玉米粒除去水分。入油鍋翻炒。

絞肉的保存方法

用絞肉可做出很多道菜。比如肉餅或炒肉末，還可放入蛋汁裏做成玉子燒。可以說只要有了絞肉，馬上就能做出晚餐、午餐或便當菜式。

絞肉接觸空氣的面積比肉塊多，比肉塊更容易變質，不適合在冰箱裏長期保存。我買了絞肉之後，通常會立刻做成幾種便當菜的「半成品」，保存在冷凍室裏。我整理出幾點保存絞肉的方法：

調味保存：冷凍保存在油鍋裡放入切碎的洋蔥和肉末炒製，用少許鹽和胡椒調味。完全冷卻後放入密封袋，把袋子裏的空氣擠出，冷凍保存。若分量多，可以分成兩份後冰凍保存。

參考食用法1：義大利肉醬。鍋裏放些熱水，放入肉末，再放切碎的番茄或番茄醬即可。

參考食用法2：咖哩飯。在油鍋裏放肉末和適量的咖哩粉炒製，再放入切好的茄子和番茄醬。茄子熟透後放在白飯上即可。

直接保存：在密封塑膠袋裏直接放入絞肉攤平，擠出裏面的空氣。可以把袋子裏的絞肉分成三等分或四等份，以便做菜時可以分開解凍。也可以用保鮮膜分包後冷凍保存。解凍時可以放入冰箱裏慢慢解凍，或用微波爐解凍。

冷凍方法也有祕訣，保持新鮮度最有用的是「快速冰凍」。我家的冰箱無此功能，但也有辦法，那就是盛在金屬盤子裏冷凍。因金屬傳導溫度的速度很快，比肉類直接放冰箱冰凍要快很多。金屬盤子並不需要特別找，家裏的餅乾盒或巧克力盒就很好用。另外，別忘了儘量把絞肉攤薄，方便凍結。

保存期限：家裏的冰箱總是開開關關的，溫度難以保持恆定。哪怕是放在冷凍室裏的絞肉，也必須兩三周內吃完。一旦解凍的絞肉不能再冰凍。

若有各一斤的絞肉和肉塊，感覺前者可以分成兩三次使用，後者可能兩人一頓飯就會吃完。肉價攀升的今天，絞肉是我這個小市民的救星呀。

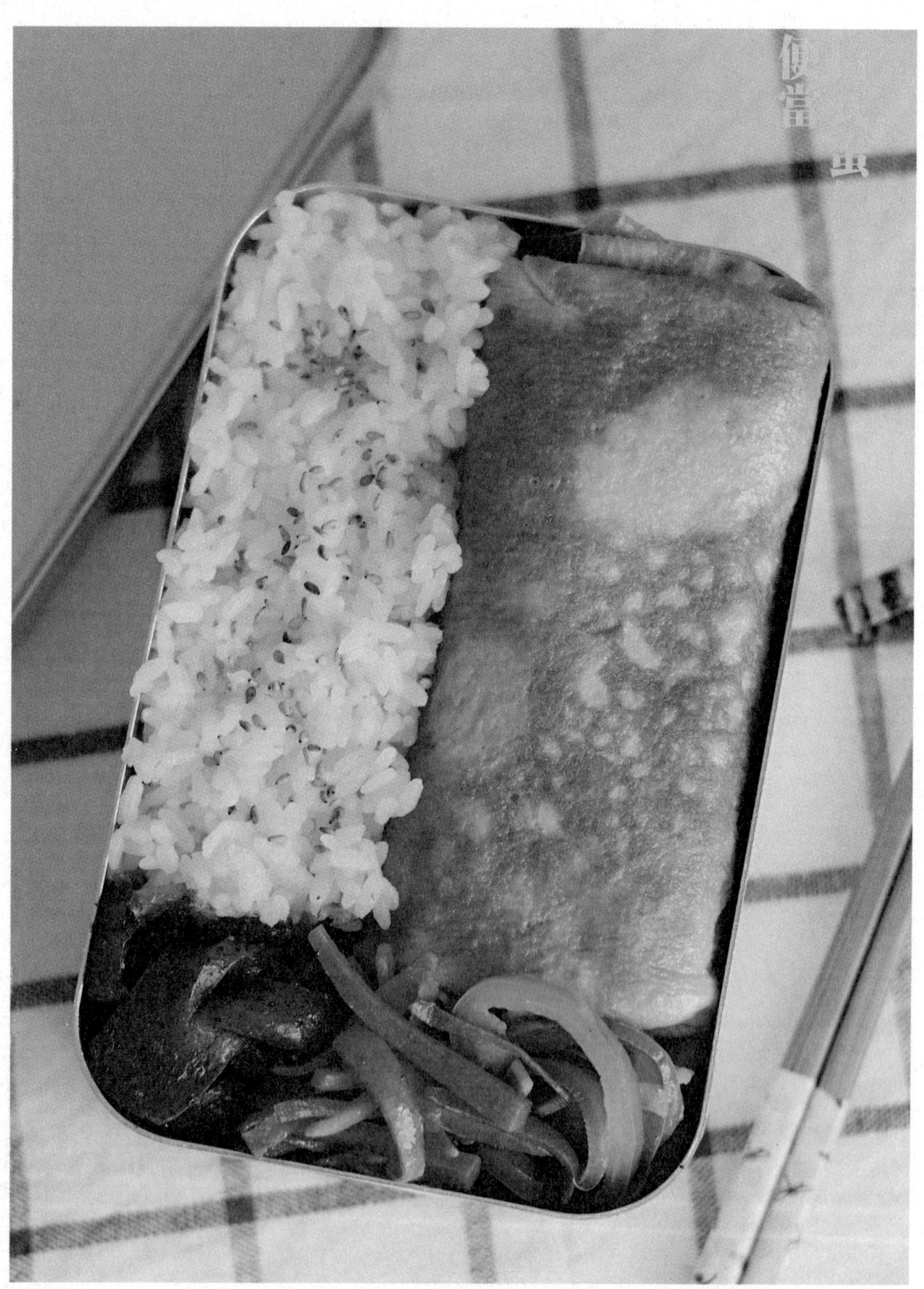

主婦的面子

閒來翻日文報紙，讀到一篇小學生寫的作文。作者好像是一個男孩子，平時和父母還有爺爺、奶奶一起住。有一天爺爺生病住院，那篇作文就是孩子在爺爺住院時寫的。他說：每天早上爺爺給我做蛋包。爺爺做的蛋包很軟，特別好吃，比媽媽放在便當裏的雞蛋好吃多了。希望爺爺早日康復，給我做好多好多好吃的蛋包……

非常天眞可愛的作文，但我讀了之後有點可憐那位母親，這樣完敗給公公的廚藝，太沒面子了。我在心中默默向孩子解釋：「媽媽放在便當盒裏的蛋包，因爲擔心衛生而徹底加熱過，肯定沒有爺爺早上現做的那麼軟乎。媽媽要保證你的營養，在蛋包裏多放了點蔬菜，可能影響到美味。」

便當確實有不少和「美味」矛盾的因素，比如時間：便當菜是做好後幾個小時才吃的，沒有剛出爐的熱騰騰。比如大小：便當盒的空間有限，方寸之間要考慮健康、營養的分配。再比如衛生：做好便當到中午前的幾個小時裏或許會引起食物變質，溏心水煮蛋這樣的菜式就只能割愛。

這篇作文讓我想起自己的父母。母親檢查出罹癌而住院，女兒們擔心母親病情的同時，也很擔心父親的生活問題。父親還沒退休，兩個女兒都遠走高飛（一個在中國呢），父親一邊上班，一邊料理家務、照顧病妻，這樣有辦法嗎？結果我們發現，其實父親的家務能力超強，打掃、洗衣服、燙衣服、買菜、做菜，全都沒問題。我在二〇一三年回國時的一個早上，父親給我做了玉子燒（蛋汁裡加糖和少許鹽烹製而成），非常美味。說實話，比我和母親做的都好吃得多。我一直不知道父親這麼擅長做菜和家務。父親露出得意的表情說：「只是你媽不讓我做而已。」過去常常聽到母親嘮叨：「你爸眞不能做事，眞沒辦法！」此時我才明白過來，父親是要給母親作爲「專業主婦」的面子。我決定不向母親提到那天的玉子燒。

這次介紹的肉餡蛋包是我在初中時母親常做的。有時候我以爲是蛋包，但其實沒有肉餡，就是純玉子燒。那時我就會嘀咕：「沒中。」有時候是有肉餡的，那我就「中了！」不過，不管是「中了」還是「沒中」，能吃到父母親手做的美食，就是一種幸福呀。

所需時間　40 分鐘

蛋包材料：

雞蛋　2 顆
絞肉　1 人份，約 150 克
洋蔥　約 1/4 顆
白糖　（小湯匙）1/2 湯匙
鹽、黑胡椒、番茄醬　適量

炒蒟蒻材料：

蒟蒻　1 塊（約手掌大）
柴魚片　1 小包，約 3 克
醬油、芝麻油、辣椒粉（或七味粉）　適量

配菜材料：

胡蘿蔔　一小段
鹽、花椒粉、白芝麻　適量
青椒　1/2 顆
培根、白胡椒　適量

蛋包有很多版本，若裏面的肉餡改成番茄醬口味的炒飯，就是小孩很喜歡的蛋包飯。按個人口味，做蛋皮時可以加一點點蛋黃醬，味道會變濃郁。在日本吃的蛋包，人們認為半熟的蛋最好吃，但若是便當用的蛋包，建議還是做成全熟。

製作步驟

1 處理蒟蒻（1）：

將蒟蒻切成 0.5 公分厚的薄切片。用小刀在切片中間劃切開入，一端穿入後輕輕拉開（成髮辮狀）。

2 處理蒟蒻（2）：

在小鍋裏燒開水，將處理好的蒟蒻放入並加熱 1 分鐘，以去除蒟蒻的腥味和澀味。

3 調味蒟蒻：

將蒟蒻撈起，放入平底鍋裏，用中火，放一湯匙的醬油和一小碗柴魚片繼續加熱 1 分鐘。關火前加入少許芝麻油和辣椒粉即可。

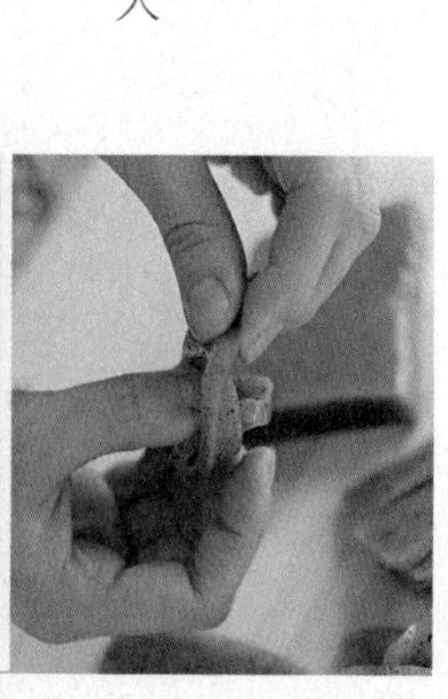

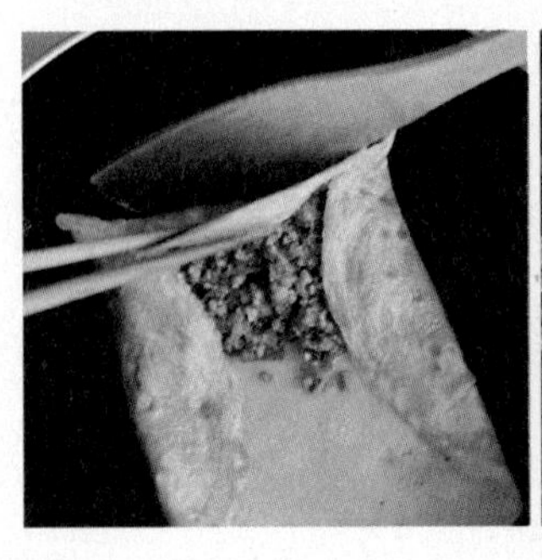

4 做蛋包餡：

洋蔥切碎，在平底鍋裏放少許植物油，開中火，與肉末翻炒。肉末炒熟後用鹽、黑胡椒和番茄醬調味。關火，肉末放入小碗裏備用。

5 做蛋包：

打蛋，蛋汁裏放入半湯匙的白糖和少許鹽，攪拌。在平底鍋裏做蛋皮，蛋皮開始凝固時，把小碗裏的肉末放在蛋皮上。將蛋皮左右對摺起來，再上下摺疊，做成蛋包。

6 做配菜（1）：

胡蘿蔔切絲，用植物油炒。加點鹽和花椒粉調味。按個人口味加白芝麻。

7 做配菜（2）：

將青椒和培根切絲，在平底鍋裏用植物油翻炒。按個人口味加白胡椒。

關於蒟蒻

蒟蒻（又名「魔芋」）是一種多年生草本植物，地下塊莖爲扁球形，我們吃的蒟蒻是利用這部分的精粉做成的。蒟蒻在中國已有悠久的食用歷史，目前除了中國和日本外，東南亞一帶也有栽培、食用。

蒟蒻低熱量、低脂肪，而且含有維生素和鉀、磷、硒等礦物質，堪稱健康食品。在日本，蒟蒻被稱爲「胃的清潔工」，因爲它含有大量的膳食纖維，有助於腸胃排毒，還能清除血管裏的脂肪和膽固醇。

蒟蒻在日本已是很普遍的食材，不少日本料理中能見到蒟蒻，如關東煮、味噌湯、田樂（燒烤）、壽喜燒等。蒟蒻也可以生吃的，日本的「刺身蒟蒻」就是生蒟蒻蘸「醋味噌」（味噌加白醋和白糖）食用。不過，記得選購生吃專用的蒟蒻，否則會有腥味。

蒟蒻一般都包裝在塑膠袋裏。蒟蒻有獨特的腥味，因此打開包裝後先用水洗一洗，再用小鍋煮一煮。煮過的水要全部倒掉，之後加入調味料烹飪。

選購蒟蒻有小竅門，就是拿起包裝揉一揉。不新鮮的蒟蒻會有些硬，口感較差。最好是選擇有彈性、較軟的蒟蒻。未開封的蒟蒻可以常溫保存，請別放進冰箱的冷凍室，若結冰了口感會很差。

打開包裝後的蒟蒻若用不完，可以泡在水裏放入冰箱，每天換一次水，大概可以保存一個星期。不過我建議將打開包裝後的蒟蒻全部都做成菜。比如本章介紹的炒蒟蒻，在冰箱裏可以保存兩三天。早上做便當時，如果便當盒還有空位，可以放幾片蒟蒻以增加口感。

「黑道大哥」的魷魚攤

我看到人多就害怕。春天賞夜櫻（大家趁機在樹下吃吃喝喝）、夏天的盂蘭盆節和煙火祭，我都因爲「人多麻煩」而躲得遠遠的。哎，何時變成這麼無趣的人？過去我可是一聽到祭典的樂聲就坐不住，非要衝出去買醬油的小孩。

記得那都是些小祭典，帶頭的通常是鄰近的商店街，或是「子供會」（有小朋友的家庭參加的組織）。雖說水準業餘，但這樣的小祭典總是溫馨而親切。祭典前幾天，公園廣場裏會搭好木舞臺。到了正式開幕那天，賣章魚燒、法國薄餅、棉花糖、炒麵、汽水的攤子像蘑菇一樣冒出來。攤主在手寫價格的卡紙後面，通常是商店街咖啡店的老闆或是鄰居阿姨。

印象最深的一次祭典是在「高幡不動尊金剛寺」，那是離家稍遠的一座寺廟。大約十公頃的地有幾百棵櫻花樹，到了春天花朵一起綻放，還是挺壯觀的。有一回，全家出動到寺院看櫻花，結果看到的人比花還多。匆匆逛一下就渾身冒汗，累得我在寺廟大殿邊蹲了下來。一轉眼，父親不見了。我正著急時，父親人回到眼前，手裏還拿著一串烤魷魚。父親把它遞過來時我才明白，這一帶的誘人香氣從何而來。大塊魷魚的口感很豪華，炭烤串燒和醬油調味汁很搭配，我完全顧不上看什麼櫻花了。

想必母親當時不怎麼樂意。她愛在咖啡店吃蛋糕喝咖啡，喜歡手工披薩之類的東西。在人擠人的地方吃路邊攤，以母親的標準來看，大概和野蠻人差不多。果然，看到父親買烤魷魚回來，母親馬上皺起眉頭，眼神帶責備。但看到我吃得那麼香，她也只好搖頭苦笑了。父親則樂呵呵地提醒：「別吃太快哦。」

廟裏的攤子可以說很「專業」。攤子由鐵架和帆布搭成，用醒目的字體寫著「大章魚燒」、「巧克力香蕉」、「日式炒麵」（調味醬炒麵）、「烤魷魚」等等。塑膠價格牌做得有板有眼，不過標價要比別處貴一倍。至於味道嘛，好像還沒到貴一倍的水準。不過炭火烤的魷魚的確香氣誘人，攤主拿著把小刷子，在魷魚串上來回刷著醬汁，香氣不緊不慢地散開，成了最好的廣告。

整條魷魚下肚的感覺很幸福，父親還問我要不要巧克力香蕉（香蕉用巧克力裹起來，還有七彩屑狀裝飾），結果被母親叫停：「吃了會拉肚子哦！」我從小食量驚人，哪有那麼容易拉肚子，不過一根香蕉兩百五十日圓真是不便宜。超市賣的香蕉，三、四根才一百日圓呢。這一猶豫就是二十多年，直至今天我也沒吃過巧克力香蕉。眼下這把年紀，也不好意思自己跑去買了。

母親不喜歡這些攤子。除了價格不低、格調不高外（純屬母親個人意見），她還認定攤主都是黑道。在日本是有這樣的傳說：凡是大一點的祭典，都是道上兄弟向寺廟或神社申請擺攤許可，或向員警申請人行道佔用許可。壟斷之後再轉租出去，租金都是兄弟決定。這樣層層轉包，以至於一根巧克力香蕉要賣兩百五十日圓。

這樣說來，大家會不會像我母親一樣，覺得這些攤子有點可怕？實際上，所謂「黑道攤主」大多像寅次郎（注：山田洋次導演《寅次郎的故事》）一樣笑呵呵的，說話俏皮，看起來還蠻有義氣。話說回來，他們就是靠這些小生意討生活，不會隨便招惹麻煩。

那趟祭典過後，我就喜歡上了魷魚。現在回想起來，體會到魷魚的種種美味，都是託父親的福。烤魷魚、魷魚絲、奶油炒魷魚，還有魷魚飯。我小的時候父親經常出差，從北海道到九州再到沖繩，幾乎全日本都走遍了。有一次父親從北海道飛回來，笑咪咪地遞給我當地土產，說我一定會很喜歡。那是一個紙盒便當，裏面有兩隻肥厚的魷魚。母親幫我切片後我才知道，魷魚裏裝滿糯米。糯米充分吸收了魷魚的鮮味，口感比烤魷魚更豐富飽滿。

在回日本的日子裏，有時我會給父母做魷魚飯，感覺總沒有小時候北海道的好吃。父母卻都說我做得不錯，我猜還是鼓勵的成分較多。我周圍有不少中國朋友去過北海道，我倒是沒去過。北海道的美食不少，鮭魚、螃蟹、海鮮壽司、札幌拉麵、成吉思汗火鍋、海膽蓋飯、牛奶冰淇淋等等。但對我來說，北海道的至高美食就是魷魚飯。希望還有機會帶父母一起去那裏，找一下魷魚飯便當。

所需時間　40 分鐘（不含煮米飯的時間）
分量　2 人份

魷魚飯材料：

新鮮魷魚　2 隻
糯米　1 小碗（約 200 克）
胡蘿蔔　1 小段
香菇　1 朵
生薑　少許
料酒　2 湯匙
醬油　約 100 毫升
白糖　3 湯匙

炒蘆筍材料：

蘆筍　1 把
白胡椒、植物油　各少許

炒蛋材料：

雞蛋　2 顆
美乃滋、黑胡椒　各少許

魷魚飯做失敗，往往是因為裏面的糯米沒煮熟，所以，糯米可以先用水浸泡（步驟 1）。若浸泡超過 15 分鐘，糯米會變太軟，所以請控制好時間。另外，若糯米分量太多，魷魚容易產生裂縫。糯米分量大約魷魚的七分滿即可。

製作步驟

1 準備糯米

糯米淘洗後瀝乾水分，放入小碗，加水浸泡15分鐘。

2 切材料：

香菇用布擦淨後切碎。胡蘿蔔也洗淨後切碎。浸泡後的糯米去除水分，與切碎的香菇和胡蘿蔔攪拌備用。

3 處理魷魚：

魷魚洗淨後抓住觸鬚拉出內臟，去除魷魚裡的軟骨。觸鬚洗淨後後切小塊（頭部和眼部丟棄不用），魷魚身也洗淨後放在盤子裡備用。

4 塞入糯米：

用湯匙往魷魚裏填糯米。糯米加水加熱後會膨脹，所以不能塞得太緊，以免加熱時魷魚裂開。大約七分滿即可。塞入糯米後用牙籤封口。

5 煮魷魚飯：

小鍋裡放料酒、糖、醬油和四百毫升的水，煮開後放入魷魚和步驟3留下的魷魚觸鬚。調小火，加蓋加熱40至50分鐘。加熱過程中可以翻一次面。魷魚飯冷卻後切片，上面加點薑末。

6 炒蘆筍：

蘆筍洗淨後切小段，入油鍋翻炒，用鹽和胡椒調味。

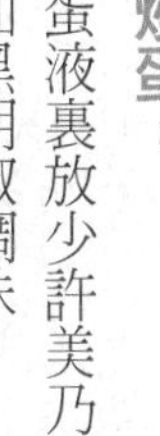

7 炒蛋：

蛋液裏放少許美乃滋，用平底鍋炒。最後加黑胡椒調味。

速成和風魷魚圈

煮魷魚飯，在鍋裏會留下大量的醬汁。我一般利用這個魷魚風味醬汁煮芋頭。做法很簡單，芋頭洗淨後，去皮後的整個芋頭（或許可以切一半）放入醬汁煮十五分鐘即可。若有剩下的魷魚可以一起煮。食用時，按個人口味可以撒點七味粉。就這樣，簡單美味的一道菜就做出來了。

和風魷魚圈材料：

冷凍魷魚　1大碗（約250克）
料酒　2湯匙
醬油　2湯匙
白糖　1湯匙
太白粉、生薑　各少許

步驟：

魷魚無需解凍，洗淨後放入平底鍋，加料酒、醬油和糖。中火加熱大約三分鐘即可。關火前放入少許太白粉（半湯匙分量的太白粉，用水調勻），幾秒鐘停火即可。

請注意，加熱後魷魚會變硬，加熱時間短些較好。用餐時，上面撒點薑絲，口味更佳！

夏日

散壽司
便當

壽司可以加熱嗎？

聽到「壽司」或「すし」，大家會想到什麼呢？上面放生魚片的小塊米飯握壽司，還是用海苔捲起來的壽司捲？在日本一般家庭裏做得挺多的，其實是「散壽司」。

散壽司是將壽司飯放在容器裏（一人份或多人份都可），在上面撒散海鮮、糖醋藕片、荷蘭豆、蛋皮絲、紅燒香菇、海苔絲等等。一般味道這樣就足夠了，吃的時候不需加醬油或芥末。配的湯是醬油味清湯或味噌湯。漂亮、華麗的散壽司，是女兒節時大家吃得最多的食物。

壽司飯別稱「醋飯」，煮好的東北米或壽司米裏加白醋、白糖、鹽後搧風冷卻即可。壽司飯裏頭有醋，所以不太容易變質，夏天做成便當比較適合。有的日本母親夏天做普通便當的時候，也會用壽司飯。

如果是在壽司店吃散壽司，上面會擺著鮪魚、鮭魚、鹹鮭魚卵、鮮蝦等豪華材料，但自己做不妨樸素點，使用在普通超市和菜市場裏可以買到的材料。

這些握壽司、散壽司、壽司捲可以加熱嗎？在日本，壽司一般都不需要加熱。因爲加熱之後，壽司飯裏的酸味就會散發掉，壽司最好是直接吃冷的。我也一直這麼認爲，直到幾年前的上海那天中午。

幾年前，我曾經在上海的公司總部接受幾周培訓。有一天，我在便利商店買了一盒「什錦壽司捲」，店員問我是否要加熱。平時在便利商店的盒飯我都要加熱的，所以那天也習慣性地說「嗯，要。」說完我馬上反應過來，想要取消，但這時我的壽司已經在微波爐裏開始轉。

加熱完畢，手裏拿著熱乎乎的壽司盒，心裏很不踏實，熱的「什錦壽司捲」能吃嗎？要不再去便利商店買個麵包，以防萬一？當時感覺好像不小心把生菜沙拉加熱似的。但是，這個顧慮在回到辦公室，吃了一口之後，就完全消失了。

「咦？挺好吃的……」便利商店到辦公室有一段路，路途讓壽司的溫度降了，吃的時候還有一點餘溫，雖然醋飯的味道淡掉，但口感不錯。加溫過程好像醋飯和玉子燒、蟹棒、美乃滋等餡料的風味更是融洽，有獨特的美味。

「剛才在便利商店買壽司捲，不小心讓它加熱了。」我跟旁邊的日本同事說。同事笑著問我：「呵呵，結果怎樣？」「其實，挺好吃的。」他的表情一下子變得很得意。「是吧！我也覺得。到了中國後才學到這個。」

有時候拋開自己的「常識」，而去嘗試別人的「常識」，也是不錯的經驗。

所需時間　60 分鐘
（不含煮飯的時間）
分量　2 人份

散壽司材料：

壽司米　2 人份（生米，約 500 克）
蓮藕　1 小塊
冷凍蝦仁　1 小碗（約 100 克）
雞蛋　2 顆
香菇　3-4 朵
荷蘭豆　4 片

其他調料：

醋飯調料　白醋、白糖、鹽
醬油、料酒、沙拉油、鹽、熟白芝麻　各適量
海苔　1 包

散壽司又稱什錦壽司，看起來步驟繁雜，但若事先準備了，反而是做起來最省事的便當之一，因為散壽司基本上不需要考慮擺設的問題。便當盒裏先鋪點醋飯，之後撒點料即可。

製作步驟

1 做壽司飯：

壽司米淘洗後，用電鍋煮。壽司飯硬一點比較好，因此煮飯的水少放些。將白醋（5湯匙）、白糖（3湯匙）和鹽（半湯匙）攪拌備用。飯煮好後，趁熱放在大鍋或大盤裏，加入攪拌好的調料，靜置約10秒使之入味。之後用飯勺拌勻，注意不要太用力。並用風扇吹涼。做好的壽司飯，上面用布蓋好放置。不要放入冰箱，以免變硬。

2 準備藕片：

將蓮藕清洗、去皮、切薄片。在平底鍋裏將半杯水煮開，然後放入藕片燙1分鐘，撈出藕片放大碗內，加白醋、白糖和鹽調味。按個人口味，可以加辣椒。

3 準備香菇煮物：

香菇用布擦淨，在小鍋裏放料酒（1湯匙）、白糖（1湯匙）、醬油（半湯匙）和少許水一塊煮。醬汁收乾前關火，冷卻後切絲備用。

4 準備蝦仁：

先做好糖醋醬。往小碗裏倒入白醋（3湯匙）、白糖（1.5湯匙）和鹽（約2克），攪拌。蝦仁解凍後用小刀切開蝦仁背脊，挑出沙腸，再用料酒清洗。小鍋裏煮開水，放入蝦仁，蝦仁的顏色泛紅後撈出，放入甜醋醬裏備用。

5 準備蛋皮絲：

蛋打勻後加糖、料酒、鹽少許，鍋裏放油燒熱後倒進蛋汁，做成蛋皮。做好的蛋皮放涼後切絲。若嫌麻煩，可以做成炒蛋。

6 準備荷蘭豆：

去除兩邊的筋。燒半鍋煮開水，加少許鹽，水沸後再放荷蘭豆煮半分鐘。撈出後先放入冷水中，瀝乾水分切絲備用。

7 裝盒（1）：

將壽司飯裝進便當盒，香菇絲拌入飯中，撒點白芝麻，再撒上些切絲的海苔。

8 裝盒（2）：

接著放蛋皮絲、蝦仁、荷蘭豆和藕片。最後撒白芝麻即可。

提前準備

早上的時間很寶貴，起床，洗臉、刷牙、換衣、邊看新聞邊吃早餐……哪有時間做便當呢？其實，前一天晚上事先準備，便當會越做越順手。

我做晚餐的時候，會同時考慮第二天的便當菜。晚上吃紅燒雞，可以多做些，當做第二天的便當主菜，早上再加熱即可。晚餐做番茄肉醬義大利麵時，一部分絞肉和洋蔥就保放在冰箱裏。第二天早上把這兩種材料攪拌在一起，再加蛋、麵包屑和調料，就可以做成漢堡肉餅。

如果讀者第二天想做「散壽司」便當，那麼前一個晚上的菜單可以這麼定：蝦仁炒荷蘭豆，紅燒雞肉加香菇、糖醋藕片。荷蘭豆去除豆線後，留出一些在熱水裏燙一下，切絲之後放在冰箱裏。炒完菜後把部分蝦仁留下來放冰箱。紅燒雞肉裏的部分香菇也留下來並切絲，放在冰箱備用。

將要煮的米準備好放在電鍋中這樣，第二天早上要做的只有壽司飯和蛋皮（或炒蛋），接下來從冰箱拿出荷蘭豆、蝦仁和香菇，一起裝盒即可。

用醋飯做的散壽司不太容易變質，但若是盛夏帶的便當，建議不加蝦仁。祝大家用餐愉快！

日式飯糰
便當

一千四百年前就愛上你

中國還流行 BB Call 的時代，我在成都學漢語。快要回國的六月底，我和法國室友一起去新疆旅遊兩個星期，路上因爲小事，兩人決定分開行動。我從烏魯木齊一個人到了吐魯番，在四十五度的高溫下走到旅館附近的博物館。門口有一位正打瞌睡的老爺爺，收了我兩塊錢後又閉上了眼睛。

博物館二樓有好幾具木乃伊，這是我第一次看到的木乃伊。室內沒人，很安靜，灰塵很多。每具木乃伊都有不同的「表情」，我覺得挺有意思，一個個都看得很仔細。他們都是直立著的，我發現有一個木乃伊腳下有個四、五公分大的灰色物體。手寫的說明上有「餃子」兩個字。它的樣子又圓又滑，能想像幾千年前剛煮好時肯定是很好吃的。外形和現代的餃子似乎沒有差別，「原來他們也吃這些的，」我心中油然生出對木乃伊的親切感。出了博物館門口，和駕駛驢車的大叔商量好價格，我坐上驢車去了葡萄園。

再過好多年後，我看到一則新聞，日本橫濱的古代遺跡裏挖出了碳化的米塊。經 X 光線檢測發現，這就是帶便當盒裏的八個飯糰。這座遺跡是日本古墳時代的，這意味著飯糰是最古老的日本料理之一吧。看到這則新聞時，我便聯想到在吐魯番看到的木乃伊和餃子。中國的餃子，日本的飯糰，從古代流傳到現在，人們吃的還是一樣的東西。物質豐富的現在，餐廳不時地推出「創意料理」，但塡飽空肚子時吃得讓人最開心的，應該是與親人們分享的餃子或飯糰吧。

每到夏天，我便會想起的是外婆做的飯糰。那是小孩子要用雙手才能拿穩的大型飯糰，裏面通常會放一大顆梅乾或是醬油柴魚片。小時候到了暑假回到外婆家住幾天，外婆家離海邊不遠，我去游泳時，她會遞給我幾個飯糰。我還記得外婆早上在廚房裏，邊把手沾在放過鹽巴的溫水裏，邊做飯糰的背影。這麼大的飯糰，若在別的地方肯定吃不完，但在海邊游完泳後，居然都不可思議地能統統吃下去。帶著鹹味的海風、飯糰外海苔的香味，游完泳後的輕度疲勞感、海灘沙子的熱度……這是我小時候的夏天。

我相信每個日本人多少對飯糰都有類似的、帶著傷感的回憶。若大家有機會，不妨問問周圍的日本朋友關於飯糰的回憶，說不定能聽到有意思的故事哦。

所需時間　20分鐘
（不含煮米飯的時間）

飯糰材料：

米（壽司米）　1-2小碗，按個人食量胃口而定
梅乾　1個飯糰用1顆
柴魚片　1小包（約3克）
油菜　2-3顆
麻油、醬油　少許
鹽、白芝麻、海苔　適量

美味飯糰的祕訣是用剛煮好的米飯。捏好後，先拆開保鮮膜散熱，放涼適度冷卻後再重新用新的保鮮膜來包裝，以免過時間後保鮮膜裏產生水氣。飯糰裏面放的東西日語叫「具」（gu：餡）。最傳統的「具」就有：梅乾、柴魚、醬油、海苔煮、明太子、鹹菜等等，也有些人喜歡白飯裏只放點鹽巴。

製作步驟

1 準備柴魚片：
將柴魚片放入小碗裏，並加少許醬油調味。

2 準備青菜：
青菜洗淨後切絲，用芝麻油翻炒，用鹽調味。按個人口味加白芝麻。

3 拌入米飯裏：
飯分兩部分，一些做成梅乾、柴魚片飯糰，另外的做成青菜飯糰。後者米飯裏拌入步驟2處理過的青菜。

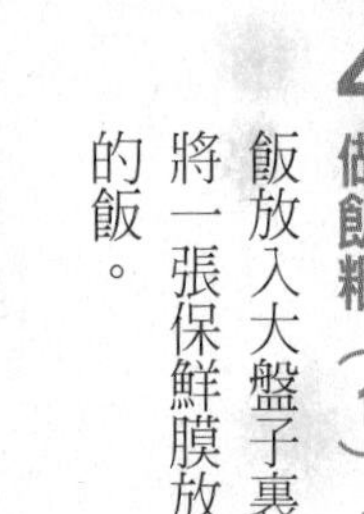

4 做飯糰（1）：

飯放入大盤子裏散熱一會，以免燙傷手。將一張保鮮膜放在手掌上，放一小碗分量的飯。

5 做飯糰（2）：

飯中間放柴魚片、梅乾等餡料。

6 做飯糰（3）：

將飯與餡用保鮮膜包起來，用雙手捏成三角形。

7 做飯糰（4）：

拿掉保鮮膜，在飯糰上貼一兩張海苔。

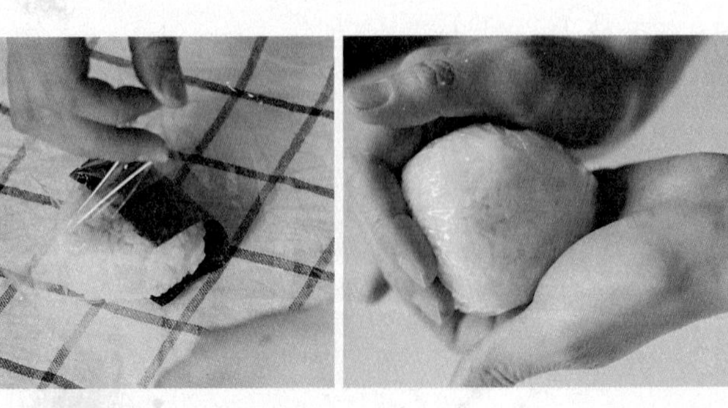

飯糰要加醋嗎？

我在網上介紹便當時，不少讀者會問：便當裏的飯糰是不是壽司飯？吃的時候要加熱嗎？

在日本，傳統飯糰（梅乾口味、柴魚口味等）一般不需要加熱。不過還是看個人習慣，若胃受不了的話，用微波爐加熱一下也是可以的。

傳統的飯糰餡料是紫蘇梅乾、調味柴魚片等，都有防腐效果，所以放到中午也不會變質。不過現在大家吃的飯糰變化無窮：美乃滋鮪魚、紅燒肉、鮭魚卵、肉末、味噌、納豆、烤魚、天婦羅……若加美乃滋、魚卵之類的話，最好不要久放。儘量放冰箱，要吃時再用微波爐加熱吃比較好。

至於飯糰加不加醋？按日本普通做法，不加醋。飯糰是用米飯捏成三角或圓形，中間放鹹菜、紫蘇葉梅乾等的食物，而壽司飯的做法是米飯中加醋、白糖和鹽調味。純為做壽司用的，不太會捏成圓形「飯糰」。

另外，在此簡單介紹一下飯糰用的米。做飯糰，選對品種是關鍵。米粒較長的品種（秈米／Indica rice）或「泰國香米」，剛煮好時特別好吃，不過冷卻後的口感不太好。做飯糰時要用粳米（Japonica rice）、壽司米或東北米，米粒圓乎乎的那種。粘性較強，冷卻後可保持彈性，適合做飯糰。

飯糰外面一般用海苔包起來，還有的人喜歡用昆布絲包起來、沾滿芝麻、用醃菜葉子包起來等等很多版本。做好之後的飯糰可以直接放在飯盒裏攜帶，吃的時候直接用手拿著吃（手要洗乾淨），或可以用保鮮膜包起來，這樣吃的時候更方便。

飯糰便當，說起來只有米飯和少量的餡。若你覺得不夠的話，可以加點水煮蛋、肉類、沙拉、水果。

和風冷麵
便當

「生於昭和」的習慣

「昭和」這個詞有懷舊的味道。就像電影《ALWAYS幸福的三丁目》，昭和時代特有人情味、獨特的自然和人工結合的風景、帶有哀傷的向上氣氛，恐怕在當今的日本是很難找到的。

就像臺灣分爲六年級生、七年級生，日本人習慣把人們以「年號」來分。生於昭和時代（1926-1988）的人到底有什麼樣的特徵？我個人認爲昭和人——包括我本人在內——的一大傾向是「愛惜東西」。昭和人愛說「もったいない」（可惜了）。看到吃完的果醬瓶、美乃滋醬瓶都好好的，覺得「丟掉也可惜」，爲「會用到的某一天」在廚房角落裏收起來。記得小時候母親把用過、若還是乾淨的保鮮膜，先掛在乾淨的盤子上，之後會再使用一次。這也是由於「可惜」概念的小動作，不過隨著我家的收入增加，母親早就不這麼做了。

前一陣子我在日本女性網站看到這樣一則貼文：一位年輕太太抱怨，鄰居阿姨常常送來自己做的家常菜，而裝菜的盒子是超市的奶油包裝空盒（在日本，塗麵包用的奶油是裝在塑膠盒裏賣的，每盒約300克）。這位年輕太太說，雖然這盒子是洗乾淨的，但還是讓自己覺得不舒服。我看了倒不以爲然，鄰居好心送來的，只要乾淨可口就好。再一看，回應文裏的意見和我的差不多。不少人還提醒這位太太：別人把菜裝在塑膠盒裏，是爲你著想。若裝在漂亮亮的瓷盤裏，你怎麼好意思把空盤還給對方？總得附上小禮物，那這樣送來送去更累人。

看來與鄰居的交際也是門藝術，也要看對方是什麼年代的人。不用說，那位鄰居阿姨一定是正宗的「昭和人」。

我的「昭和人」習慣還沒消失。每次回國前，我在成田機場吃壽司，爲再赴海外的自己鼓勵鼓勵。雖然是美味，但吃完感覺有點心虛，因爲丈夫在北京工作辛苦，我在這裏享受美食，於是請服務員幫我準備外帶壽司。考慮到飛行時間加上從機場回家的時間，我外帶的壽司不會點生魚片的，一般放幾塊稻荷壽司和河童捲。這家壽司店的外帶用紙盒很漂亮，發亮的黑色上列印金色店名，加工牢固，吃完後洗乾淨，重複使用幾次完全沒問題。若吃完便當，不想把盒子帶回家就可扔掉，心裏無負擔。

所需時間　30 分鐘

冷麵材料

日式「素麵」或龍鬚麵　1 人份
雞蛋　1-2 顆
小黃瓜　半根
番茄　半顆
青紫蘇　2-3 片
白醋、鹽、白糖、麻油　各適量

麵條用醬汁材料：

醬油　2 湯匙
黃糖　1 湯匙
鰹魚粉　約 3 克
開水　100 毫升

夏天吃冷麵消暑，這好像中日兩邊都很常見的。日本冷麵的重點是煮好麵條後的洗淨，用冷水揉洗後再放入冰水裏，這樣可以增加麵條的彈性，口感更佳。關於麵條用的醬汁，這裏介紹了用鰹魚粉的做法。還有更方便的做法是用現成的「日式麵露」（鰹魚味），按照商品說明，用開水稀釋即可。

製作步驟

1 做麵條用醬汁：
小鍋裏將100毫升水煮開，之後放鰹魚粉（3克）、醬油（2湯匙）和黃糖（半湯匙-1湯匙），再煮開，關火。醬汁做好後放涼放入空的瓶子裏，以便攜帶，請記得另外帶一個小碗。

2 煮麵：
中鍋煮兩公升的水，用沸水煮麵約90秒至兩分鐘，請注意不用煮得太軟。

3 揉洗麵條：
關火後迅速撈出麵條用冷水揉洗。建議把水龍頭打開，用流水

揉洗，以便快速讓麵條綳緊。剛開始麵條上有滑滑的澱粉，洗到沒有了這個滑滑的感覺為止。

4 用冰水浸麵條：
在大碗裏放飲用水和冰塊，再放入洗好的麵條，這樣會讓麵條更有勁道。不需放太久，大約10秒後將麵條撈出，瀝水後放入便當盒。

5 做蛋皮：
蛋汁打勻，加少許鹽和料酒，用平底鍋做成蛋皮。冷卻後切絲。

6 做紫蘇味番茄：
番茄切小塊，用少許鹽和芝麻油調味，再加切絲的紫蘇葉攪拌。

7 做涼拌黃瓜：
小黃瓜切片，用白醋、少許白糖和鹽調味。按個人口味加白芝麻。

夏日冷麵

素麵（そうめん）：炎熱的天氣裏容易沒胃口，在沒有空調的廚房裏做飯的人也辛苦。在日本夏天裏最常吃的是「冷素麵」，素麵和中國的龍鬚麵相似，但口感更有彈性。在家裏的吃「冷素麵」時，一般把麵條放在玻璃大碗裏（因爲玻璃碗看起來更清爽），倒入飲用水和冰塊，邊冰鎮邊拿起麵條蘸放在另外小碗裏的醬汁吃。

蕎麥麵（そば）：日本的蕎麥麵和這次做成便當用的韓國蕎麥麵有點不一樣。日本蕎麥麵用的是蕎麥粉和麵粉（小麥），而韓國蕎麥麵含有蕎麥麵和馬鈴薯、綠豆爲原料的澱粉。日本蕎麥麵也有人做成便當，便利店裏也有賣盒裝的蕎麥麵。韓國的蕎麥麵的口感很Q，我個人覺得更適合作爲便當。

烏龍麵（うどん）：烏龍麵也可以做成冷麵的，剛煮好的烏龍麵用冷水浸一浸（口感更有彈性），另加由柴魚片、醬油、糖、料酒製作的湯汁。

「冷中華」：日語的「冷やし中華」指的是日式拉麵的夏日版。用的是「中華麵」（做抻麵時用鹼水的黃色拉麵），煮好後馬上用冷水沖洗一洗，放在盤子裏。湯料以醬油、醋、糖爲主料，有的地方還用芝麻醬。再加小黃瓜絲、番茄、把蛋皮切絲的「錦絲玉子」、火腿絲即可。西日本的人說「冷麵」（れいめん）指的就是這「冷中華」，但東日本的人說「冷麵」一般指的是朝鮮半島的（韓國式或朝鮮式）冷麵。

味噌茄子便當

外公的茄子

日本有句老話：「秋茄子不給媳婦吃。」這句有兩種意思：一是秋天的茄子太美味了，做婆婆的捨不得給兒媳婦吃，有點欺負媳婦的意思。另一說是秋天的茄子雖然好吃，但吃多了容易受寒，考慮到媳婦（其實是家族香火）的健康，還是不吃爲好。不管是哪種解釋，秋茄子的美味是沒得說的。

茄子從夏天開始收穫，一段時間後產量會降低。大約在八月中旬，需要把植株攔腰截斷，經過這般暴力的整理，九月前會長出新芽，之後可以收穫更有滋味的「秋茄子」。之所以美味，是因爲這時候的茄子皮薄、籽少、更結實。醫營養學家的研究也顯示，秋茄子的氨基酸比夏天的要高得多。

不過對我來說，茄子仍然算是夏天的蔬菜。小時候每到暑假，父母把我送到外公外婆家住上幾周。外公餘暇愛好種菜，後院大約一百平方米的空地被他開闢成了菜園。夏日清晨，外公先在榻榻米上爲祖先上香，之後就帶著我去後院「覓食」。外公遞來一把笨重的園藝剪，一邊指點外孫女：「這個可以摘，這個還得等兩天……」在夏日的陽光下，寂靜的菜園裏，好像每棵蔬菜都有著強大的生命力：番茄的濃郁酸味，茄子豔麗的表皮，還有小黃瓜蠻有攻擊性的綠色毛刺。

我一採收完蔬菜，就跑去外婆那裏獻寶。外婆總是一副吃驚的表情：「哦喲喲，這麼大的茄子啊，看起來很好吃呢！」我每回都被誇得輕飄飄，而眞正的勞動者卻一言不發，外公通常都是咳嗽幾聲，就去享受他的另一個愛好——抽菸。

外婆的茄子料理比較固定。一是烤茄子，二是鴫燒。其實這兩道菜肴的味道挺像，主要靠味噌調理。把茄子豎著剖開，碳烤後去皮，最後塗上一層醬，這就是烤茄子的做法。鴫燒是將茄子翻炒後，加入少許料酒和白糖，再用味噌調味。

小時候我總是偏愛鴫燒，因爲它的味道更偏甜。但我很長一段時間不知道這道菜叫做鴫燒，只管而就它叫「味噌茄子」。每逢小學遠足郊遊，我總會請母親做上一份，美味又耐飢。

鴫燒這道菜名的來歷，經過一番考查後得知：鴫（しぎ）是生活在水邊的一種野鳥（中文名爲「沙錐」或「鷸」），如今在日本幾乎沒人吃。而且「鴫燒」這道菜裏並沒有鴫肉，這是爲什麼呢？

「鴫燒」是日本幾百年前就有的一道傳統菜。據十六世紀的禽肉料理說明書《武家調味故實》（一五三五年），做法如下：用鹽醃好的茄子，切一半後除掉白色部分，以鷸肉取代。再覆上柿子葉烤一烤，最後用鹽調味。所以，最初「鴫燒」名副其實。

在之後出版的《庖丁聞書》（一五五〇年）裏，「鴫燒」已經不用鷸肉，代之以茄子。也許是因爲時代變了，大家不再食用鷸肉，也可能是因爲當時普及的素食料理。再過了近一百年，江戶時代的料理書《料理物語》（一六四三年）裏介紹的「鴫燒」更進化一步：是將茄子切開，串上竹籤並加上花椒風味的味噌燒烤。可見，十七世紀的「鴫燒」已和今天的有些像了。

在日本食譜網站上搜索「鴫燒」，現代的

做法並不一定是燒烤式，只要將茄子油炒後用味噌調味就可以稱「鴫燒」了。不少人爲了口感或營養考慮，還加了青椒、豬肉、白芝麻。

北京的夏天下午，每次我到菜市場去買菜，看到深藍、肥大的茄子，我的腦海裏就閃現出外婆溫柔的誇獎，以及寡言的外公身上那淡淡的菸味，忍不住伸手跟販賣的阿姨買兩顆，買回家，做的就是「味噌茄子」。

所需時間　40 分鐘

味噌茄子材料：

茄子　半顆
青椒　1 顆
胡蘿蔔　半根
肉絲　適量
味噌　2 湯匙
黃糖　1 湯匙
料酒　1 湯匙
植物油　適量

鵪鶉蛋材料：

鵪鶉蛋　約 10 顆
醋、水　各 100 毫升（※）
白糖　2 湯匙
咖哩粉　少許（2-3 撮）
高湯顆粒（鰹魚粉等）　1 撮
黑胡椒、紅辣椒（切片）　少許

※ 用養樂多的空瓶子量水和醋的分量較方便，剛好 100 毫升。

配菜材料：

胡蘿蔔　半根
蝦皮　少許
鹽、植物油　適量

味噌茄子的基本材料很單純，就只有茄子和味噌。依據個人口味可以加肉絲（豬肉或雞腿肉）、青椒等。茄子、糖和油脂的搭配很下飯，與白飯享用外，也可以與冷麵一起吃。）

製作步驟

1 準備咖哩味鵪鶉蛋（1）：

咖哩味鵪鶉蛋可以在冰箱保持2－3天，建議提前做好。鵪鶉蛋水煮後，用冷水冷卻、剝殼。

2 準備咖哩味鵪鶉蛋（2）：

小鍋裏放醋、水、糖和咖哩粉，煮開後放入鵪鶉蛋、高湯顆粒、黑胡椒和紅辣椒。再次煮開馬上關火，倒入乾淨的玻璃瓶保存。

3 切配食材，做調料：

豬肉切絲，茄子和青椒切塊，胡蘿蔔切絲。小碗裏倒入味噌、料酒和黃糖，攪拌。

4 炒茄子：

在平底鍋裏再放些油，將茄子、雞肉和青椒下鍋炒。

5 加味噌調料：

雞肉熟透時加入步驟3裏做好的調料，再炒2–3分鐘。放入調料後較容易燒焦，請注意火候。

6 炒胡蘿蔔：

平底鍋置中火上，加油燒熱。先炒胡蘿蔔，並加入蝦皮。炒好的胡蘿蔔和蝦皮放入盤子裏放涼冷卻。

味噌的用途

味噌是日本料理中的常用的調料，主原料是黃豆，再加上鹽和米、大麥等發酵而成。以口味來區別，可分為「辛口」及「甘口」。前者比較鹹，顏色也較深，後者則是味道較甜淡。辛口味噌的代表是「信州味噌」，在東京等日本東部地區較受歡迎。大阪等日本西部的飲食習慣比較清淡，用「甘口」類的白味噌、九州味噌等。

味噌一般是1斤或1公斤的大包裝，在常喝味噌湯的日本家庭裏，幾個星期就能消費一包。但你若不是經常喝味噌湯，這樣的大包裝可能一年也吃不完一盒。所以在此也順道介紹味噌湯的做法和味噌的其他用途，請參考。

做湯：做味噌湯其實很簡單，將水煮開後放入蔬菜，再次沸騰後放入味噌（以每人15克為準），放少許高湯顆粒（干貝素等）即可。味噌煮得過久，香氣容易流失，煮湯時請記得，到最後才加入味噌，略煮一下就要熄火。味噌湯的材料有幾種「黃金組合」，大家不妨一試：

馬鈴薯、洋蔥、裙帶菜：洋蔥的甜味和馬鈴薯非常好搭配，裙帶菜則富含維生素。

豆腐、裙帶菜：豆腐的白嫩、裙帶菜的墨綠，搭配起來很好看。

蘿蔔、大蔥：非常經典的搭配，也可加豬肉片增加鮮味。

油豆腐（切絲）、胡蘿蔔、洋蔥：營養好味的搭配。

韓國泡菜、豆腐：味噌可緩和泡菜的辛辣，同時增加湯的濃郁度。

做調料：味噌加料酒、糖即可作為炒、燉煮調料，炒包心菜、茄子、豬肉片等都很搭配。用味噌燉煮時，可分兩次加入。先將三分之二的味噌融入煮汁中並使食材入味，起鍋前再加入剩下三分之一的味噌提香。味噌做肉末時也可以當成主要調料。

做醬：做沙拉或涼拌時當作醬也可。將味噌、白醋、白糖、少許高湯粉顆粒拌一拌，與小黃瓜片、裙帶菜（泡水15分鐘）、洋蔥片一起吃，清爽的口味很適合當作夏天的開胃菜。

河童捲便當

娜舒卡的壽司

我之前曾在法國南部住生活過一段時間，有一陣在一個小家庭裏當保母。那個家的父母在馬賽出生，後來生了一個可愛的女孩羅拉。他們覺得馬賽太吵，於是搬到小村莊，我就在這小村莊裏照顧羅拉。羅拉的母親娜舒卡是公務員，每天早晨開車到另一座城市上班。娜舒卡對異國文化的興趣極大，她的房間裏有一堆印度、非洲、中國西藏、日本的文物。羅拉的父親布魯諾是裝修工人，哪裏有工作就去哪裏。他在外面工作也挺累的，但每天晚上羅拉睡覺前，他會拿出一本繪本讀給女兒聽。

有一天娜舒卡跟我們宣布，她爲女兒的健康要戒菸了。布魯諾和我都不以爲然，因爲這樣的話我們都聽過好幾遍。但看來這次她是認眞的，她甚至去找了醫生諮詢，回來時我們看到她胳膊上貼了一塊像ＯＫ繃的東西，說是這個可以緩解對尼古克丁的依賴。娜舒卡確實戒菸了，但她的食量開始增大，而且好像想控制也控制不住。

戒菸幾天後，娜舒卡問我晚餐時可不可以做日本料理？因爲她覺得日本料理用油較少，很健康，利於減肥。我馬上答應了。下午去幼稚園接羅拉後，順便去亞洲食材店（大部分是中國食材，但有一小部分是日本的），買來醬油和海苔。我打算，第一頓日本料理做壽司。

娜舒卡回來，一看海苔就知道我在準備壽司，顯得蠻開心的。但可惜，我做的是「散壽司」（ちうしずし），醋飯上撒上蝦子、荷蘭

豆、炒蛋、芝麻、海苔絲，和「外國人」所認識的壽司有點不一樣。所以，看到飯桌上的「散壽司」，娜舒卡很困惑地說：「爲什麼不捲起來呢?」

我說，這也是「sushi」（壽司）的一種，就是這樣吃的，但也無法說服娜舒卡。她後來堅定地重新拿了一張海苔來，上面放些散壽司，並自己動手捲起來吃，然後很得意地說：「很好吃。」後來羅拉、布魯諾都學著娜舒卡，拿起海苔自製「壽司捲」。看到一家三口人滿意的表情，我也就「入鄉隨俗」，學著把散壽司捲起來吃。我一邊吃，一邊在心中後悔道：「早知如此，我做最簡單的河童捲就好行了。」

這次介紹的「河童捲」是壽司飯加一條小黃瓜，用海苔捲起來的。這種「捲壽司」製作時，一般用竹子做的簾子捲一捲，但我在北京會用保鮮膜來捲。可能沒有用竹簾時那麼均勻，但還能湊合。那麼何謂「河童」？請參考本文最後。

所需時間　40 分鐘（不含煮米飯的時間）

河童捲材料：

壽司米　2-3 小碗，剛煮好的
白醋　2 湯匙
白糖　1-2 湯匙
鹽　少許
小黃瓜　半根
梅乾　3-4 顆
味噌　1 湯匙
大蔥、生薑　適量
海苔　壽司用的大張，2 張

玉子燒材料：

雞蛋　1-2 顆
白糖　半湯匙
鹽　少許

這次介紹的是梅乾、味噌和芝麻口味的河童捲，但也可以什麼都不加，只放小黃瓜的河童捲，喜歡芥末的人，可以將小黃瓜和少量芥末一起捲，吃起來很爽口。壽司飯裏的白醋有防腐作用，較適合作成夏日便當。也或許可以和稻荷壽司搭配，作成「助六便當」。

製作步驟

1 煮米飯、做壽司飯：

用電鍋煮米飯。將白醋、白糖、鹽調和備用。米飯煮好後，馬上趁熱放進鍋子或大盤子裏，加入剛才攪拌調好的調料，放置約10秒使之入味。之後用勺子混合米飯、調料、黑芝麻和薑絲（注意不要太用力！），同時搧風讓壽司米飯快速冷卻。做好的壽司飯上面，用布蓋好後放置。

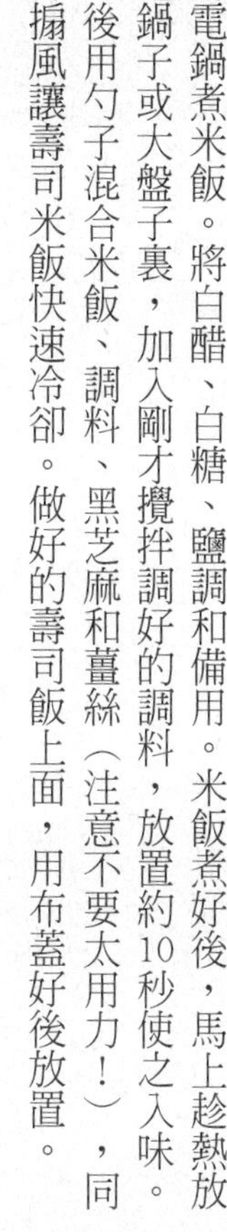

2 準備小黃瓜和梅乾：

小黃瓜切條，去除中間水分多的部分，備用。梅乾除核，果肉部分切碎後與柴魚片攪拌。

3 調製味噌：

生薑磨成泥，大蔥切碎，與味噌攪拌。

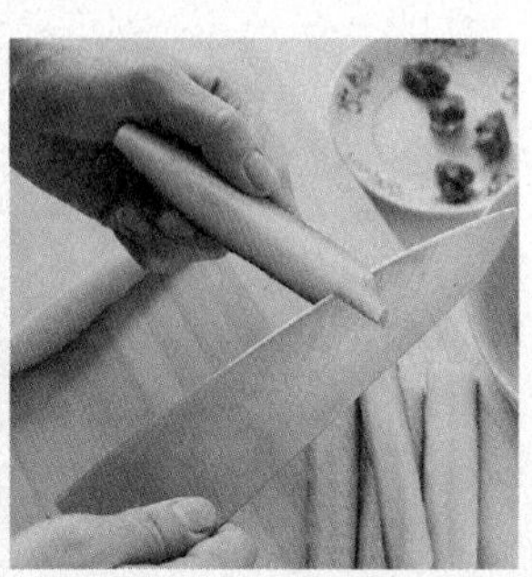

4 做河童捲（梅乾味）：

「捲壽司」一般是用竹簾，但我也會用保鮮膜來捲。或許沒有用竹簾那麼均勻，但還能湊合。大張海苔切一半，放在保鮮膜上，海苔上再放壽司飯。此時請注意，飯不要放太多，海苔上大概有一兩粒的厚度即可。另外，海苔的一端留點空間，不放米飯，以免捲到最後時飯粒溢出。壽司飯中間塗上步驟2的梅乾，再放一條小黃瓜。將保鮮膜捲起，用海苔把小黃瓜捲起來。請注意，請不要把保鮮膜和小黃瓜一起捲起來。

5 做河童捲（味噌味）：

與上述步驟4同樣的方式做味噌味河童捲。海苔上放壽司飯，壽司飯中間塗上步驟3的味噌醬，再放一條小黃瓜。將保鮮膜捲卷起，用海苔把小黃瓜捲卷起來。

6 做河童捲（芝麻味）：

與上述步驟4同樣的方式做芝麻味河童捲。海苔上放壽司飯，壽司飯中間撒點白芝麻，再放一條小黃瓜。將保鮮膜捲起，用海苔把小黃瓜捲起來。

7 切開河童捲：

捲好後將「河童捲」放置幾分鐘，以便讓米飯和海苔適度融合。之後用菜刀切成4－6片。準備乾淨的濕抹布塊，每次切完用抹布把刀擦乾淨。

8 做玉子燒：

蛋汁裏放白糖（半湯匙）和少許鹽，攪拌後用平底鍋或方鍋做玉子燒。

河童捲是什麼？

河童是日本傳說中的怪物，據說生活在水裏，身體消瘦，有點像小孩。河童的皮膚是綠色的，頭頂有一個小盤子，若這盤子裏的水乾掉，河童就會死。有的人說河童很壞，看到有人在河裏游泳，河童會拉住他的腿，甚至會讓他淹死。還有人說河童其實是好的，看到小孩掉到河裏，河童會幫忙把小孩送到河岸。

芥川龍之介寫過一篇小說〈河童〉，該小說的集英社文庫本《河童》，封面就是坐在荷葉上的河童，它在嘴裏含著一根小黃瓜。據說，河童是水神的一種，或是一種不太得志的水神。農曆六月十五日是祭奉水神的「河祭」，人們會把小黃瓜投入河中，奉獻給水神。據說小黃瓜和「人」的味道很像，所以河童喜歡吃！

《河童》是芥川龍之介在一九二七年發表的短篇小說，以三十多歲的男性精神病患者「23號」的口述展開故事：三年前的夏天他登山的時候，不小心誤入了河童之國。在那裏，所有的事和人間相反。芥川借河童之國，非常尖銳地指出人們的欲望、醜陋和悲哀。

說回河童捲（或稱河童壽司），這是用海苔和醋飯把小黃瓜捲起來的壽司。喜歡芥末的人，可以將小黃瓜和少量芥末一起捲，吃起來很爽。按個人口味也可以試試「小黃瓜加白芝麻」、「小黃瓜加梅乾醬」（梅乾做的醬）等組合。

壽司本來就是比較清淡的食物，而其中河童捲的口味特別淡。相對來說，鮪魚壽司、鮭魚壽司的脂肪較多，若是燒海鱔魚壽司，味道更是濃厚。河童捲適合在這些味道濃郁的壽司之後吃，以便清一清嘴裏的味道。

另外，在日本最常見的壽司便當叫「助六便當」，是稻荷壽司和河童捲的組合。

炸雞塊便當

海邊的炸雞塊

在國外想家時，解悶的方法之一是上網。我常上日本國內論壇，看看大家在說什麼。那種感覺就像置身繁忙的東京地鐵，不經意聽到旁人說話。有一位網友貼文，說她很想念小時候朋友母親做的炸雞。非但自家做不出來，後來幾十年都沒重逢那種美味，於是提供了線索，請大家幫忙找食譜：那個神祕炸雞塊黑乎乎的、味道偏甜。還有，那位母親是九州鹿兒島縣出身的。

網友紛紛熱情回應。有人說應該是用黑醋（香醋）的，有人建議她在同學會上找那位朋友，直接打聽食譜。還有人注意到「黑色」、「甜味」、「九州人」這些字，聯想到九州醬油和日本別地的不同，味道偏甜。結論是，那是用九州醬油做的炸雞塊！這一高論出現後，不少人回應贊同「九州醬油炸雞塊」之說。

從這個長貼文回應，不難看出大家對炸雞塊的熱情。確實，炸雞塊是日本家庭、居酒屋、食堂或便當裏都少不了的一道菜。以至於還有「日本炸雞塊協會」，會員均爲熱愛炸雞塊的人士（需經嚴格審查方能入會）。該協會的宗旨是：「透過吃炸雞塊時的幸福感來達成世界和平」。看他們的官方網站是蠻認眞的（http://karaage.ne.jp/）。

我心中最美味的炸雞塊出現在小學二年級的便當。那便當不是母親做的，而是外賣的。小學一年級的晚秋，我妹妹出生了。小妹妹給我帶來快樂和驚喜，以及心中難以平息的寂寞感。父親總是在外忙著工作出差，母親也爲小妹妹忙得一塌糊塗，幾乎沒時間陪我玩、講故事。到了第二年夏天，全家照例去母親老家度假。外婆外公都很高興看到外孫女，尤其是又白又胖的小妹妹。

之前每到夏天，我和母親在海邊會玩得很開心。但今年因爲有小妹妹，母親很少陪我去海邊（父親待兩三天就回東京上班），夏天自然少了過去的精彩。有一天母親突然跟我說要不要去海邊，原來妹妹睡得很香，可以讓外婆來照顧。我一下子高興起來，坐著母親開的紅色轎車，看著窗外的地瓜葉子（地瓜是母親家鄉的特產），心頭浮現起久違的滿足感。

因爲海濱之行是突然決定的，我們沒有帶吃的。母親在海邊一家便當專賣店讓我挑選。「炸雞塊便當！」我毫不猶豫指定自己的最愛。面朝大海，母女倆坐在水泥堤岸上吃便當。我忘了母親買什麼便當，只記得自己把一塊炸雞分給母親。呼吸著海風、吃著炸雞塊和白飯，我心裏特別甜美。因爲在這短暫的片刻，我能獨享母愛。

二〇一四年九月，九十六歲的外婆去世了。葬禮結束後，我們把骨灰送到海邊墓地。父親開車經過當年全家玩過的海灘，一言不發。早先與我爭奪母愛的妹妹二十八歲了，正爲身邊的兩位男友糾結著。罹患癌症末期的母親，穿著黑色和服抱怨：裡面的繩子綁得太緊。因爲前面親戚家的車開得很快（當地人嘛），父親也跟著開得快，海灘一晃而過，就消失了。

所需時間　40 分鐘

炸雞塊材料：

雞肉　1 人份（雞胸或雞腿，約 150 克）
蒜泥、生薑泥　各少許
料酒、白糖、醬油　各少許
太白粉　半碗

地瓜沙拉：

地瓜　半個
美奶滋 、黑胡椒　各少許

和風炒青椒：

青椒　1 顆
料酒、醬油　各半湯匙
白糖、柴魚片　各少許

做炸雞塊的祕訣在於調味和油炸。油炸分兩部分，第一回油炸，時間控制在兩分鐘以內，以免肉質變硬。此時肉塊還沒炸熟，但是餘溫會讓肉塊慢慢熟透。第二回油炸，油溫稍微提高一些，大概炸 30-40 秒，主要目的是外層的顏色和口感的提升。

製作步驟

1 切肉塊，調味：

將雞腿肉切塊，儘量切成一樣大小，以便加熱程度均勻。切好的雞肉放入大碗內，加入蒜泥、生薑泥和少許料酒，醃製15分鐘，使之入味。

2 準備油炸

醃製後，再加點醬油調味。並將雞肉裹上太白粉。

3 第一次油炸：

底鍋中倒入植物油，開中火。油溫升到160度（將木質筷子放入油裏，筷尖會出現細泡）即可開始炸，將肉塊輕輕放入油鍋，全部放入後把火開

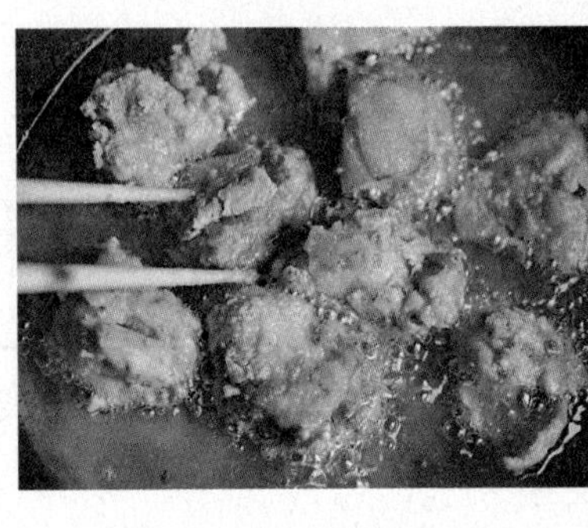

大一些，以保持油溫。油炸時間大約不到2分鐘，把肉塊撈出來，放入盤子中，靜置15分鐘。

4 炒青椒：

青椒切塊，用植物油炒1–2分鐘。用料酒、醬油（各半湯匙）和少許白糖調味，最後放少許柴魚片。

5 第二次油炸：

開中火，等到平底鍋油溫升到180度（將木質筷子伸入油鍋，細泡沿筷子快速升起）放入炸過的雞塊。這次炸的時間大概30–40秒即可，使雞塊外層呈金黃色，和口感更酥脆。

6 做地瓜沙拉：

地瓜蒸熟後趁熱搗成泥，用美乃滋和黑胡椒調味。

炸雞塊的肉和調味

日式炸雞塊是用帶皮的雞腿肉居多，可以買去骨切好的雞腿肉。，也可以用雞胸肉。雞胸肉的脂肪很少，若是直接油炸，口感較乾澀。

很多人愛吃炸雞，也都有關於炸雞的回憶和祕笈。一般人都很重視雞肉的「預先調味」，將生肉用各種調料醃過再炸，這樣炸出來的雞塊味道更豐富，吃的時候不需要撒鹽。

預先調味的配方：

1 蒜泥、生薑泥、醬油、料酒、芝麻油（各少許）

2 醬油和蜂蜜（比率爲二比一）、蒜泥、生薑泥（各少許）

3 醬油（2湯匙）、雞精粉（少許）、醋（少許）、白糖（半湯匙）

這次介紹的炸雞塊的日語叫做「からあげ」。寫法卻有三種：平假名「からあげ」，漢字「空揚」以及「唐揚」。讀法都一樣是 kara-age。NHK日本廣播電臺的網站認爲正確的寫法是「空揚」。

「揚」是「炸」的意思，那爲什麼是「空」的呢？有一種解釋是，日本炸雞沒有天婦羅那樣的包漿。天婦羅是把蔬菜、海鮮沾上蛋汁和麵粉調製的包漿後炸。而雞塊是沾點太白粉就炸，所以是「空」的。

過去的一般寫法是「空揚」，但近年越來越多人認爲「唐揚」才是適當的寫法。過去日語裏有不少用「唐」的單詞，比如「唐芋」（地瓜的一種）、「唐紙」（平安時代從唐朝傳來的加工紙，用於屏風、隔扇）等。

所以，讀者若是在日本菜單中看到「唐揚」或「空揚」，指的都是炸雞塊。

嫩煎肉便當

「深夜廚房」裏的嫩煎肉

現代日本的家常菜裏，有一種大家所說的「日式西餐」。咖哩飯也好，蛋包飯也好，在歐美並不常見的「西餐」卻是日本「洋食店」的必備菜式。

「嫩煎肉」源自義大利，原名「piccata」。肉片裏上麵粉，再蘸上蛋汁，在平底鍋裏用小火煎。因爲它的色澤金黃，所以日本人也叫它「黃金燒」。這樣做成的肉片，放涼後也可保持香嫩風味，是常見的便當菜肴。還有些日本人喜歡加醬油和薑泥調味。

肉片可選雞肉、豬肉或牛肉，白肉魚也不錯。有的人會做嫩煎節瓜或嫩煎魚板。

「Piccata」的做法有兩個重點：第一是先用鹽、胡椒、少許酒將肉片醃製入味。第二是蛋汁裏放義大利起司粉，這樣煎出來的味道更濃郁。

我初識這道菜是在高中時代。午餐時間，我與要好的朋友們把幾張桌子拼在一起，圍坐下來打開各自的便當盒。佳代同學的便當盒裏常有金燦燦的肉片，看起來口感、香味都不錯。

「那是什麼呀？」「嗯，是皮卡塔。」「皮卡塔……」佳代看我很羨慕的表情，「啪」一聲把一片夾到我的飯盒蓋子上。「喔伊喜（很好吃）！」原來肉片也可以這麼做啊。現在想起來，高中的「便當交流會」豐富了我的食譜。

佳代告訴了我「皮卡塔」的做法，我高高興興地記下來。因爲當時母親不大喜歡我進去廚房，說是我用過的廚房總是有點髒。我只好等全家都睡了，深夜開始做「皮卡塔」，打算作爲隔天的便當菜。先從冰箱冷凍室裏挖出幾塊豬肉，用微波爐解凍後切成薄片。再去找麵粉，打雞蛋。咦？義大利起司粉罐頭在哪？上瓦斯爐之前就花了近一個小時。好不容易能下鍋了，發現火候不太容易控制，有的肉片還沒熟（麵衣太厚了），有的快燒焦了（麵衣太薄），做出來的幾片都不像同學便當盒裏的。

當時的我對「身形」不太有概念，半夜都敢吃甜點。那晚看到不像樣的肉片，一口氣就統統吃掉了，等於是消滅自己不會做菜的證據。接下來是洗碗、洗鍋、擦瓦斯爐，忽然發現快天亮了。那次學到的事情只有：做一道便當菜，麻煩。

第二天迷迷糊糊地醒過來，看到母親做好、包好的便當，心裏有種不一樣的感覺，覺得母親每天忙碌著，雖然做的菜有些老套，但味道是好的，眞不容易呀。

所需時間　30 分鐘
分量　2 人份

嫩煎雞肉材料：

雞胸肉　4-5 條
節瓜　1 小段
硬豆腐　1 小塊
麵粉　3 湯匙（或太白粉）
雞蛋　2 顆
起司粉　1 湯匙，按個人口味
植物油　適量
鹽、白胡椒、黑胡椒、料酒
　各適量

配菜材料：

蔥末　少許
青椒、胡蘿蔔　各 1 小段
鹽、黑胡椒、植物油　各適量

「皮卡塔」不一定要用雞肉，也可以用豬肉、牛肉、或鮭魚等魚肉、罐頭豬肉（或稱午餐肉）、豆腐、節瓜等蔬菜。另外，肉片上沾麵粉時（步驟 2），麵粉裏可以加點咖哩粉，就可以做成咖哩味皮卡塔。

製作步驟

1 處理雞肉等材料：

將雞胸肉切成薄片（約0.5公分厚、3公分長）、用少許料酒、鹽和白胡椒將肉片醃半個小時，使之入味。節瓜和豆腐切成0.5公分厚的薄片，備用。

2 準備蛋汁：

蛋汁裏加入起司粉、鹽和白胡椒打勻。

3 沾麵粉、蘸蛋汁：

用一個淺缽把雞肉、節瓜和豆腐上沾點麵粉（或太白粉）。請注意不要太厚，薄薄一層即可。之後將這些材料蘸到上蛋汁裏。

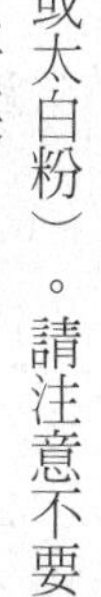

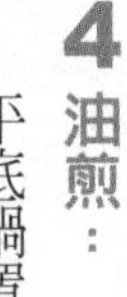

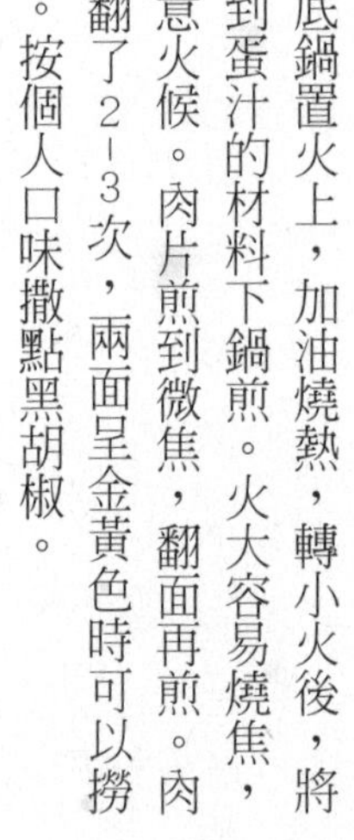

4 油煎：

平底鍋置火上，加油燒熱，轉小火後，將蘸到蛋汁的材料下鍋煎。火大容易燒焦，注意火候。肉片煎到微焦，翻面再煎。肉片翻了2－3次，兩面呈金黃色時可以撈出。按個人口味撒點黑胡椒。

5 做炒蛋：

剩下的蛋汁裡加些蔥末，做炒蛋。

6 做配菜：

青椒和胡蘿蔔切絲後一起炒。用鹽和黑胡椒調味。

夏日便當要注意什麼？

作爲一個家庭中製作便當的人，到了梅雨夏日要開始擔心食物變質的問題。所以，以下爲關於夏日便當的一些建議。

加熱和冷卻：肉類、魚類和蛋類需要徹底加熱，食品內部的溫度最好保持75度以上1分鐘。裝在便當盒裏白飯和菜要放在乾淨的小盤裏冷卻。便當盒裏如有熱氣，容易營造滋生細菌的環境。建議前一晚可以把小瓶礦泉水冰凍起來，早上先用塑膠袋包好後和做好的便當放在一起攜帶，作爲保冷劑。

減少水分：

煮物的醬汁、生蔬菜或涼拌的多餘水分都會導致食品變質。做好的煮物或涼拌可以先裝在小盤子裏，冷卻、瀝乾水分後裝盒。

蔬菜沙拉和在悶熱的夏天挺搭配，但其實這些生的蔬菜不太適合夏天的便當。若還想用小黃瓜等生的蔬菜，建議可先用鹽抓拌一下，把滲出來的水分擠乾後再加白醋調味。減少蔬菜裏的水分，加上醋也有抗菌的效果，可防止食物變質。

避開加工食品：

火腿、香腸等加工食品比較容易變質，若要放入便當盒裏，要徹底加熱。建議便當裏多用梅乾、醋、芥末等有抗菌效果的材料。另外，菜裏可以放多些鹽或醬油，調味可以比平時濃些，也有防止變質的效果。

帶便當上課的高中時代，母親常常讓我帶便當和一瓶飲料。遇到炎熱的盛夏，她會事先冰凍好塑膠瓶飲料，早上和便當放在一起給我。這樣有保持便當品質的效果，而且可以喝到冰涼的可爾必思！

牛肉捲便當

百家便當

我的中學時代是在東京西邊的郊區過的。雖然是在首都，但周圍的自然環境不錯，居民也比較樸實。現在想起來，能在這樣的環境中長大是非常寶貴的。這所中學沒有廚房設施，學校周圍一間便利商店都沒有，中午吃飯時一定要帶便當。

有一天我發現自己忘了帶便當。學校有一個慣例，忘了帶便當的學生可以吃「非常食」，這是爲了地震等「非常時刻」而準備的「乾麵包」。一人二十小塊。像是胖乎乎的方塊餅乾，但是口味非常淡，只能塡飽肚子，絕對不是讓人享受「品嘗」的對象。

沒辦法，我告訴了班主任。他是三十歲不到的理科老師，個子很高、國字臉、聲音很大、很熱情。他跟我說當然可以吃乾麵包，但他也知道這不好吃。他把自己的便當盒蓋和一雙筷子遞給我：「要不你拿這（而遞給我他自己的便當盒蓋和一雙筷子），跟每個同學討個小菜。」

青春期的少女怎麼敢做這麼沒面子的事情。我趕緊開溜。沒想到，班主任手裏拿著便當盒蓋和免洗筷追過來。「沒事的，吉井，這沒什麼不好意思的！」

後來我發現自己越跑越沒面子，只好接受他的提議，並向同學討小菜。這也是蠻好玩的經驗，可以品嘗到平時在家裏不太會吃的東西。我母親不知爲何不喜歡牛肉，不管是在家裏或在便當裏，很少會有牛肉。不過，那天我發現，其實很多日本家庭是用牛肉做便當菜的，燉牛肉塊、牛肉香味燒（牛肉切成薄片，混合芝麻和香料炒製），還有牛肉蔬菜捲。

班主任便當盒蓋上收集到了各種菜，同學們很大方，統統給我了肉類主菜。吃完豐盛的「百家便當」，洗好蓋子，還給了班主任。「怎麼樣，我的提議不錯吧？」我記得他的便當盒蓋很大，接過蓋子的手掌也很大。

所需時間　20 分鐘

牛肉捲材料：

牛肉薄片　3-4 片
（建議用牛瘦肉，約 100 克）
胡蘿蔔　1 小段
金針菇　少許
四季豆　2 條
料酒　1 湯匙
醬油　1 湯匙
白糖、蠔油　半湯匙
鹽、黑胡椒　少許
植物油　適量

配菜材料：

杏鮑菇　半個
大蔥　1 小段
鵪鶉蛋　4-5 顆
菜心　3-4 顆
鹽、白胡椒、醬油　少許
橄欖油　適量

若要省時間，牛肉捲的蔬菜建議用金針菇或蔥。這些材料不需要事先準備，也容易熟透。牛肉薄片可以在菜市場請肉店切，也或可以改成用豬肉片。建議選擇瘦肉，捲蔬菜、用平底鍋煎的步驟都比較容易操作。

製作步驟

1 準備：

四季豆去筋。胡蘿蔔切絲後撒點鹽，擠乾水分。金針菇切去根部，分小束。鵪鶉蛋水煮4分鐘，放涼備用。

2 燜製四季豆：

預熱平底鍋，放入四季豆、少許鹽和半杯水，蓋上蓋子燜2分鐘。加熱到熟透後取出，冷卻後切絲。

3 準備牛肉：

展開牛肉薄片，儘量將其形狀調整爲四方型。用牛肉薄片捲起各蔬菜：四季豆、金針菇和胡蘿蔔。

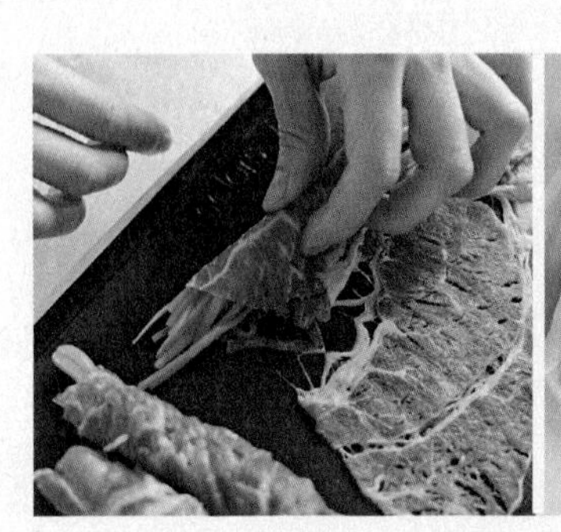
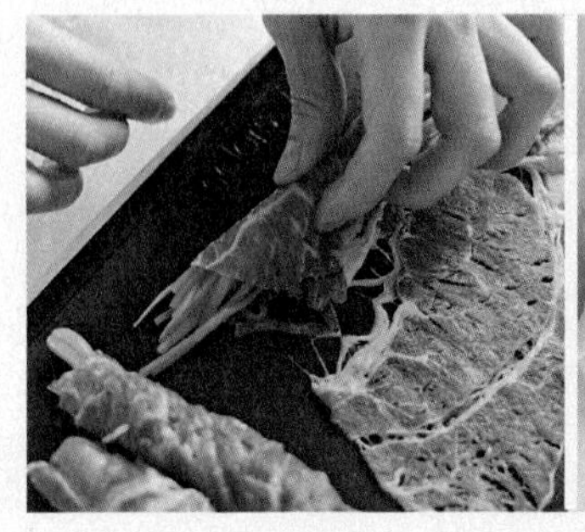

4 煎牛肉捲：

將醬油、白糖、蠔油放入小碗裏攪拌，做調味汁。預熱平底鍋，倒入少許芝麻油。將牛肉捲的封口朝下，煎製。牛肉的顏色開始變化色時倒入少許料酒。熟透後放入調味汁。按個人口味用黑胡椒調味。

5 炒杏鮑菇：

杏鮑菇和大蔥切條。預熱平底鍋，倒入少許植物油。放入杏鮑菇和大蔥炒。用醬油調味。

6 炒菜心，拌入米飯：

菜心洗淨後切小段。預熱平底鍋，倒入少許橄欖油，炒菜心。用鹽調味。

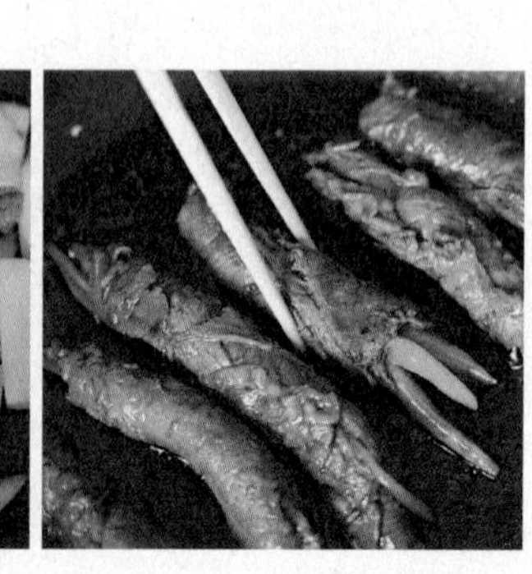

百貨公司的地下街尋找買便當

別人幫你做好的便當，就是一份心意，讓人感到溫暖。但有時候偶爾會「見異思遷」，看到漂亮的外賣便當，就想掏錢買一個嘗試。對我來說，日本百貨公司地下食品街就是這樣有著許多誘惑的地方。

有時候百貨公司的地上樓層沒看見幾個客人，但一到地下食品街，會發現人山人海，穿著整齊的老夫妻、帶著小孩的年輕母親、中年女性們、上班族等，都會在這裏尋找比平時味道高一檔的外賣菜、便當或甜點。

比如，日本的一家料理店攤萬（なだ万）的「牛肉香味燒便當」，還分上下兩層，菜色如下：

上層：有蒟蒻、胡蘿蔔、豌豆、青菜、金針菇、蝦皮、熏鴨、糖醋茗荷、點心（有內餡的糯米糰）

下層：有牛肉香味燒、錦絲玉子（蛋絲）、四季豆、胡蘿蔔、玉米白飯

價格超過一千日圓。比起便利商店裏大约五、六百日圓的簡單便當，攤萬的便當有點小貴，但考慮到完美的顏色、味道、營養，絕對值得一試。

若大家有機會逛日本的百貨公司，我強力推薦到地下的食品街。不少攤子會推出當季便當，秋天的「月見（賞月）便當」、春天的「花見（賞花）便當」等等，雖然價格也較高一檔，但偶爾試一試也並不算浪費吧。挑好一份便當，帶到附近的公園裏享用，也是種很實在的享受。

薑燒豬肉便當

便當中的「定番」菜

薑燒豬肉是將豬肉放入薑味醬汁裏，稍稍醃製後再烤或煎的做法。在日本無論一般家庭、學校食堂、還是大家的便當盒裏，都會有這道菜。可以說是絕對的「定番」（不受流行影響的基本款）。生薑去除了豬肉的腥味，微焦的醬油味和白米飯很搭配，特別下飯。暑熱沒食欲的時候，不少人吃薑燒豬肉來開胃。另外豬肉含有豐富的維他命B，有助於恢復體力。

雖然是「定番」，但對於醬汁的做法每個人各有不同。有人喜好放些蜂蜜，還有人將蘋果泥也放進去，這都是爲了讓豬肉更嫩，口感更佳。用醬汁醃製的時間也不同，有的人要醃一個晚上，有的人說半個小時正好。

我之前打工的蕎麥麵店也有八百五十日圓的「薑燒定食」。做法很簡單，將豬肉片放入醬油裏，再放薑末、料酒後，馬上在煎鍋裏加熱，店主同時將生的包心菜絲和幾塊番茄切好，然後將煎好的豬肉放在包心菜絲上。我這個服務生就去盛了飯、味噌湯、蕎麥麵或烏龍麵（可以選擇冷麵或湯麵），一同起放在黑色托盤裏端給客人。回想憶起來，點「薑燒定食」的大部分是男性客人。他們先點了生啤酒，咕嚕咕嚕地喝到了一半杯，然後拿起筷子吃定食。可惜，在辦公室裏吃薑燒便當不能配啤酒。

記得小學的「給食」（學校供應的午餐）裏，薑燒是人氣高的主菜之一。在日本的昭和時代（一九二六—一九八九），學校給家長的通知都印在一種粗質紙上，每月初老師把當月

「給食」菜單發給學生，小朋友們帶回家拿給母親。通常母親把它貼在冰箱上作爲提醒，這樣孩子在學校的午餐和在家裡的晚餐就不會重複。小朋友也會每天早上看菜單，若有薑燒、炸麵包、咖哩、義大利肉醬麵等人氣食物，上課的心情都會跟著好起來。

一轉眼過去了三十年，現在我在北京異鄉打開便當，或是獨自一人在家裏，或是在公園樹下的石凳上。夏天吃薑燒便當，我會想起小學窗外「吱吱」的蟬鳴，還有玻璃瓶裏的冰牛奶（學校午餐的配套餐飲料）。教室裏有那麼多小朋友同時開動，一定嘰嘰喳喳熱鬧得很。但回憶中的薑燒「給食」是那麼安靜，彷彿我正與童年的自己獨處。

所需時間　30 分鐘

薑燒材料：

豬肉片　（約 0.5 公分厚）150-200 克
薑　小塊，磨成泥
料酒　1 湯匙
醬油、糖　各半湯匙
植物油　適量

配菜材料：

包心菜　2-3 片
胡蘿蔔　小塊
蘿蔔　小塊
白醋、白糖、鹽、白胡椒　各適量
乾辣椒　少許（按個人口味）

在日本，薑燒是家常菜，普通超市就有貼著「薑燒用豬肉」標籤的豬肉片。適合薑燒用的肉是豬梅花肉，最好讓菜市場阿姨切成薄片。我這次用約 0.5 公分厚的，不過按個人習慣即可。建議煎肉時用大火快速加熱，以防免肉質變硬。

製作步驟

1 做蘿蔔泡菜：

將蘿蔔切成3公分厚的大塊，再用菜刀切出格子狀的刀痕，深入2.5公分深度，做格子狀痕跡，以便入味。蘿蔔小塊上撒點鹽，放10分鐘。將蘿蔔小塊擰一擰，瀝乾水分。小碗裏將白醋、白糖和鹽攪拌，放入蘿蔔小塊醃製。按個人口味加乾辣椒，醃製備用。

※補充：蘿蔔泡菜可以提前做好，放冰箱可保存3-4天。

2 準備豬肉：

將料酒、醬油、糖、薑泥放入小碗並攪拌，做生薑醬汁。豬肉片在醃入醬汁裏浸15分鐘。

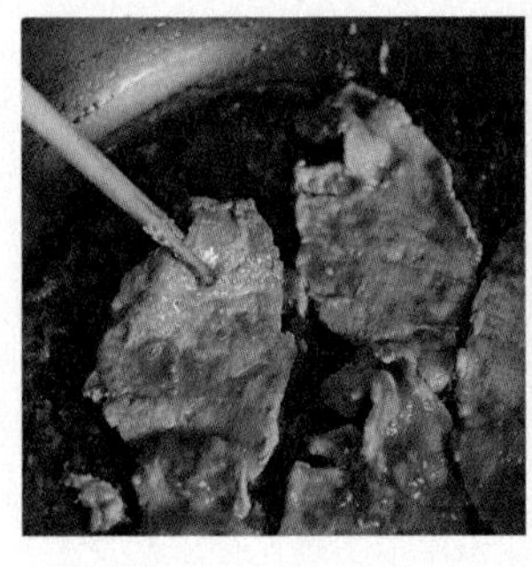

3 切菜：

將包心菜、胡蘿蔔切絲。

4 煎肉片：

將肉片和醬汁一併倒入平底鍋裏煎，開大火肉片正反面各1-2分鐘，等醬汁變稠、肉片煎熟即可。將肉片盛出放入小碗裏冷卻。

5 炒蔬菜：

煎過肉片的平底鍋不用洗，利用剩下的醬汁。煎完肉片馬上放包心菜和胡蘿蔔到鍋內炒。按個人口味放些白胡椒。

平底鍋的大小

爲家人做飯時是多人份的，而便當往往是1－2人份。做便當時使用大平底鍋感覺有點浪費瓦斯或電力。因此，許多日本的便當書建議讀者不妨準備一個小平底鍋，這樣可以節省瓦斯或電力，也挺方便。

還有一個辦法，就是在一個平底鍋裏連貫作業。譬如薑燒豬肉做完後，在平底鍋裏還會留點醬汁，這時鍋子不用洗，馬上下鍋包心菜和綠花椰菜。包心菜是裝盒時鋪在肉片下面的。裝便當時綠花椰菜可放在肉片旁邊，顏色更豐富。

炒了蔬菜後的鍋子就不會太油膩，簡單洗一洗（很趕的時候我就不會洗啦……）後炒胡蘿蔔絲。這樣又可以節省一次洗鍋時間。

小平底鍋做一人份的蛋皮或荷包蛋時也很方便。不過，若家裏沒地方多放一個鍋子的人（比如我），或不喜歡廚房的東西多起來的讀者，不妨試一試「同步做菜」方案。可以節省早上的寶貴時間！

三色飯
便當

幼稚園的人氣便當

吃便當最興奮的是打開盒蓋的瞬間那一刻。在幼稚園、小學、中學時代，「重要時刻」都有母親做的便當。比如動物園、遊樂園、遠足、運動會、海灘、登山……打開盒蓋那一刻，能夠最讓我最高興的是「三色飯」。

「三色飯」中「三色」指的是絞肉肉末、炒蛋和青椒等綠色蔬菜的三種顏色，裝鋪在白米飯上挺好看的。我上小學前一直不太會用筷子，母親爲了讓我多練習，平時吃飯不讓我用叉子或湯匙。但「三色飯」是個例外，因爲用筷子挾絞肉肉末太費力，母親允許我改用湯匙。好看好吃又輕鬆，打開飯盒看見是「三色」的，幼稚園時的我就無比高興。周圍的朋友也圍過來看，很有面子。那時候還沒出現離譜的「卡通便當」，三色飯夠資格獲得大家的誇讚。

色澤豪華的三色飯，給人的感覺做起來很麻煩。但實際上是相反的，因爲炒蛋、炒青椒和肉末都可以在一個平底鍋裏完成。做好的肉末在冰箱可保存兩三天，若事先做好肉末，早上的時間可以省很多。肉末的用途很廣，晚上煮個麵條吃、和茄子一起炒、或加在麻婆豆腐裏，都是很好的搭配。

三色飯在日本非常普及，而「三色」的內容按個人或地區有些差異。首先是肉末，這次介紹的肉末是使用豬肉餡，而在日本不少人用雞腿肉末。也有人用自製或現成的鮭魚肉鬆，可能最省力的方法是用醬油調味的柴魚片。至於綠色蔬菜部分，有些人用四季豆、荷蘭豆、豌豆等，也可以用水煮後擠乾水分、用芝麻和鹽調味的菠菜。至於顏色，依據個人口味不需要執著於「三色」，可以另加紅燒香菇、炒蘿蔔絲等而做成「四色」。

去年看到東京一所幼稚園的園長寫的博客網誌，這所幼稚園中午提供自製午餐。每個月的部分菜單會納入孩子們自己點選出的「開心餐」，而被孩子們經常點出的是「三色飯」。漂亮美味的「三色飯」確實挺能刺激食欲，這位園長寫到很多孩子吃的速度明顯比平時快，吃完就等老師給他們再添一份。

之前發表網路電子版便當系列時，不少讀者反應想給孩子做便當。在衛生、加熱問題等基本要點上，給孩子做便當和給成人的便當沒有太大差異，但便當盒大小和切菜方式與視覺效果，則需要細心考慮，請參見本章下文「孩子的便當」。希望孩子們打開便當盒滿面笑臉，天天健康、開心！

所需時間　30 分鐘
分量　2-3 人份

三色飯材料：

豬肉餡　250 克
青椒　1 顆
雞蛋　2-3 顆
料酒　1 湯匙
糖　1-2 湯匙
味噌　1 湯匙
醬油　半湯匙
生薑　1 小塊
鹽、白糖、胡椒　各少許

依據個人口味，肉末裏可以加點辣椒和切碎的香菇。做肉末時我一般會用醬油、料酒、糖和味噌，不過味噌可以用豆瓣醬來代替。做好的肉末可以裝入食物密閉袋或用保鮮膜包裝後冰凍保存。

製作步驟

1 切青椒：
將青椒洗淨後切絲或切小塊，備用。

2 做肉末：
將肉末放入平底鍋裏，同時放入料酒（1湯匙）、糖（1-2湯匙）和薑末。依據個人口味可以加切碎的香菇和辣椒。肉末的脂肪多，炒時並不需要加太多油。肉末半熟時加味噌和醬油調味。

3 炒菜：
青椒小塊在平底鍋裏炒，用鹽、白胡椒調味。按個人口味可加蘑菇等其他材料。

4 炒蛋：
蛋汁打勻，加鹽和白糖少許。在平底鍋裏放少許油，用中火炒雞蛋。

孩子的便當

空空的便當盒，外加「媽媽！很好吃啊！」是給製做便當的人的最大鼓勵！以下是為幼稚園低年級的小朋友做便當時的要點：

分量：成人的一半即可，米飯和菜的比率是一比一或三比二。若小朋友胃口不大，那麼小孩喜歡的水果或菜多點也好，讓小孩吃完並獲得成就感是重點。

切法：比成人吃的小一點比較好，若是牛蒡、菜心、胡蘿蔔等纖維多或較硬的材料，切塊後再用刀剖幾道，這樣在嘴裏容易咀嚼。

餐具：切小黃瓜、馬鈴薯塊時，會考慮到筷子容易挾的形狀、大小。若是不太容易用筷子吃的肉末飯等，可以配湯匙、叉子。飯糰、三明治是可以直接用手抓的，很適合給小孩吃，但用餐前要好好洗手。

營養：夏天小孩容易出汗，便當菜可以味道濃一點（鹽多點）或熱量多（如炸、煎的）也可。氣溫高時天氣熱，人的食欲會降低，可以多用小孩喜歡的甜味、酸甜味的菜，以便刺激食欲。小孩特別需要蛋白質，便當菜裏請多選動物性蛋白質的菜。

衛生：若在便當裏用前一個晚上的剩菜，請用鍋子或微波爐徹底加熱。做菜前請好好洗手。尤其是做卡通型便當時，手工過程較複雜，但不要用手指，用乾淨的筷子。

祝媽媽們與孩子的「便當交流」成功！

秋日

稻荷壽司
便當

獻給狐狸的壽司

大概是在我讀幼稚園的時候吧，母親牽著我的手走在窄路上，陪我去上日本古箏課。一般情況下，都是母親開車送我到老師家，但那天好像車子壞了，我們改坐公車。從老師家到公車站，小朋友要走上將近半個小時，沿途會經過當年還挺熱鬧的商店街。母親在商店街入口停了下來，在自動販賣機買了一罐橘子汁給我喝。

自動販賣機旁邊有一座小廟，小到什麼程度呢？和大家出國時用的旅行箱差不多。廟雖不大，但結構蠻精巧的，廟門左右各放著一尊小巧玲瓏的白色陶製狐狸。狐狸像小朋友的手那麼大，耳朵上描著紅色的線，和狐狸細長的眼睛很搭配。我說：「媽媽，那裏有狐狸。」母親說那是名叫「御稻荷桑」（おいなりさん）的神，而狐狸是稻荷神的使者。母親還告訴我，那些狐狸喜歡吃豆皮做的壽司，那種壽司也叫「御稻荷桑」。

「御稻荷桑我知道！」那是我小時候最喜歡的食物之一，甜鹹相宜的豆皮裏塞了醋飯，全家週末去動物園或在草坪上野餐的時候，母親做過幾次。胖乎乎的「御稻荷桑」不太容易用筷子夾，母親准許我洗手後直接抓來吃。那天學完古箏的回家路上，經過小吃老鋪，母親在那裏買了幾個紅豆糰子以及稻荷壽司。

記憶總是零碎的，對那天的回憶到此為止。母親從小一直學日本古箏，我五歲時成了接班人。剛開始的時候母親也陪著一起學，懷了妹妹後，母親就不來了，並讓我一個人去教室。每逢周三下午，我獨自搭乘公車，來回要將近三小時。下課時間大概是五點，從老師家到公車站路上會經過「御稻荷桑」。上課路上一點都不會注意到的小廟，卻在黃昏光線中浮現出那兩隻小狐狸，讓我感到又寂寞又恐怖。

古箏我學了大概十年，之後全家搬到別的縣，古箏課也就此結束。但我和古箏老師一直保持聯繫。大概三年前吧，古箏會迎來四十周年紀念，當時我也應邀赴會。回家路上我發現，當時的自動販賣機、小廟和狐狸都消失了。代之以一座不起眼的建築，有一家房屋仲介。那個「御稻荷桑」雖然很小，但還算是個廟，怎麼隨便拆掉呢？……我有點傷心。小時候讓我害怕的小狐狸也變得可憐起來，是不是隨便扔掉了？讓我心生安慰的是，三十多年前的那天，母親買稻荷壽司的小吃店還在，幾乎沒有變，只是店面舊了些。

我很想進去買些「御稻荷桑」，但當時我和古箏課的學姊在一起。她走路很快，我也不好意思開口，就放棄這個念頭了。我到現在還有點後悔，希望下次經過時，那小店還在。

所需時間　40 分鐘
分量　2 人份

壽司飯：

壽司米　2 人份
白醋　5 湯匙
白糖　3 湯匙
鹽　半湯匙
黑芝麻、薑絲　按個人口味，各少許

豆皮調味料：

豆皮　2 人份、約 10 枚
白糖　3 湯匙
醬油　1-2 湯匙
料酒　少許

醃製生薑：

生薑　1 塊
白糖　2 湯匙
白醋　1 湯匙
鹽　少許

稻荷壽司是最容易做的壽司之一，只要買到豆皮，其他材料都很容易入手，做法也很簡單。煮豆皮時建議不要用筷子過多攪動，以免鍋裏的豆皮破碎。豆皮需要用小火慢慢加熱，使之入味。可以同時做河童捲，帶甜的稻荷壽司和口感清爽的河童捲是很好的搭配。

製作步驟

1 煮飯、做調味料：

米淘洗後，用電鍋煮。壽司飯硬一點較好，煮飯時可以比平時水少放一點點。將白醋、白糖、鹽調和備用。

2 做醃薑：

將嫩薑用乾淨的布剝去薄皮，切片。小鍋裏放白醋和同量的水、白糖和鹽，煮開後放入薑片。繼續加熱，再次煮開前關火。加熱時間不要太久，以便留下薑的口感。部分薑切絲，以拌入醋飯。

3做醋飯：

飯煮好後，趁熱放進鍋子或大盤子裏，加入上述調味料，放置約10秒使之入味。之後用勺子混合飯、調味料、白芝麻和薑絲。攪拌飯時用風扇讓米飯快速冷卻，但請注意不要太用力。做好的壽司飯上面用布蓋好後放置。

4處理豆皮：

平底鍋裏放糖、醬油和少許料酒，中火加熱。調味料煮開後轉小火，輕輕放入豆皮。調味料充分滲入豆皮後關火。豆皮拿出冷卻後，先用手輕輕擠出多餘的調味汁，之後把豆皮一端切開。

5裝填飯：

一手握豆皮，用筷子或小湯匙填入壽司飯。壽司飯裝到豆皮袋的三分之二後，把封口輕輕捏攏。在盤子裏放置時，封口朝下。

狐狸和豆皮

稻荷神是日本神道教諸神中的一位，主管豐產。敬奉稻荷神的神社即爲「稻荷神社」，俗稱「御稻荷樣」、「御稻荷桑」。稻荷神社以鮮紅色「鳥居」和身爲使者的白色狐狸爲象徵，它的總社是位於京都市伏見區的伏見稻荷大社。

本來只管穀物、農業的神，到江戶時代兼任商業、產業，變得非常有人氣，據說目前日本全國的稻荷神社大小共有三萬座。過去人們相信狐狸擁有預測未來的超能力，而且牠們經常在人類生活圈附近出沒，故被視爲稻神的使者。不知爲何，日本人一直認爲狐狸喜歡吃「油揚」（あぶらあげ，豆皮），獻給稻荷神社的食物自然也就是豆皮了。調味後的豆皮裏塞入少量醋飯的壽司被稱爲「稻荷壽司」。

稻荷壽司是壽司當中最便宜的一種。據說在江戶時代後期和明治時代，是往豆皮裏塞入調味後的豆渣，蘸醬油或芥末食用。現在，高級壽司店裏一般不太會看到稻荷壽司。不過在普通日本家庭、超市、商店街的小店裏，最常見也最受歡迎（特別是小朋友）的壽司就是稻荷壽司。

稻荷壽司的形狀和味道在日本各地略有差異。在日本西部（京都、大阪一帶）的稻荷壽司是形似狐狸耳朵的三角形，東部（東京附近）的稻荷壽司是形似米俵（盛米的稻草袋）的圓乎乎的四角形。

不少日本人習慣把稻荷壽司和烏龍麵一起吃。這種雙重碳水化合物的組合不甚健康，但口感確實搭配。日本我父母家附近的車站月臺有「立食」麵店，那裏總是彌漫著柴魚湯汁的香味。進店叫一份「烏龍稻荷套餐」，邊看手錶確認電車進站時間，邊站著吸溜烏龍麵、大嚼稻荷壽司，這是一種匆忙百姓的享受。

金平便當

角力賽選手的眼淚

十足咬勁、絲絲甜味、有存在感的鹹味，外加鮮紅的乾辣椒。這就是「金平」（きんぴら）的風格。「金平」這名字有其來歷：江戶時代流行的淨琉璃（日本傳統的唱說故事）作品〈金平淨琉璃〉的主人公名叫阪田金平。他是一位勇敢「給力」（有勁）的武將。用牛蒡做成的「金平」有營養、有咬勁，乾辣椒帶有刺激感，人們就把這道菜比作「金平」。除了牛蒡，也可以用胡蘿蔔、藕片等口感較脆的蔬菜。如果買了有機蔬菜，用胡蘿蔔或蘿蔔的皮來做「金平」也不錯。

「金平」的做法不複雜，把材料切成細條後用炒鍋加熱，加點料酒、糖、醬油、乾辣椒絲，炒熟後再放點芝麻或麻油即可。在冰箱裏可以保存三到七天，上菜時還可以撒點柴魚片，吃起來很下飯。因為沒有湯汁，比較乾，所以冷熱皆宜，很適合當便當菜。此外，牛蒡的纖維含量高，對腸道暢通很有幫助！不管是在超市的「熟食」區，或者家庭的飯桌上，「金平」絕對是排前五名的常客之一。

這樣的菜，很容易引人回憶。我自己小的時候特別不愛吃蔬菜，能吃下的種類極少，而牛蒡和胡蘿蔔的「金平」是少數我願意入口的寶貴種類。那可能是因為加了糖之後炒出來的香味，掩蓋了孩子討厭的苦澀味。

有一次，我回日本小住，在父母家看電視。節目裏是一個角力賽選手回家看母親。這並不是高品質的紀錄片，而是一般電視臺製作的娛樂節目。這位角力賽選手幾年前抱著「在東京成名」的希望來東京，一直沒有回家探望老媽。母親已經八十多歲了，在鄉下一個人過日子。節目中，母親看到兒子回來，感情表現蠻淡的，只說一聲「哦，回來了」。在家裏兩個人坐在一起，母親問兒子想吃什麼，兒子沒有猶豫就說想吃「金平」。母親便起身走出門外，下地拔胡蘿蔔。那選手雖然是在熟悉的老家房子裏，但可能是時間過久了吧，顯得不自在，默默把腿放進暖桌裏。

母親回到廚房開始切菜，先把牛蒡和胡蘿蔔洗好、切絲，放在黑色的炒鍋裏。選手也來到廚房了，忙著說「謝謝」，但也不知道怎麼伸手幫忙。寡言的母親沉默而又俐落地做出了牛蒡胡蘿蔔絲金平。

角力賽選手又回到暖桌邊，就開始吃了「金平」。「好吃啊，媽媽呀，謝謝啊。」選手的眼睛已經濕濕的，母親還是不說什麼，默默看著膀大腰圓的兒子吃「金平」。其實這檔娛樂節目非常通俗，就是拍些煽情的故事讓觀眾掉眼淚。我當時也沒在意，看到這裏就用遙控器換了頻道。

可是，很奇怪，後來我每次做「金平」，一定會想起那個選手和他的母親。可能是因爲那個高大強壯的選手讓我聯想起阪田金平吧。是不是阪田金平也會像這個角力賽選手那樣高大？說不定阪田金平的心裏也有過很懷念的、只有自己的母親才能做出來的菜呢？

記得角力賽選手的母親往鍋裏加進好多勺紅糖，用筷子翻炒牛蒡的鏡頭。「金平」被醬油和紅糖染成了深茶色，沒有食譜上的紅（胡蘿蔔絲）白（牛蒡絲）對比。我想像那個味道，肯定是甜味勝於鹹味、味道很濃厚、一旦開始吃了就很難控制自己的食欲，要吃到碗底朝天的那種。記得拿著飯碗吃「金平」而眼淚快要掉下來的強壯男人，「謝謝媽媽，我眞喜歡這個，」吃著「金平」連忙感謝母親的聲音。還好，他來得及跟母親說這個。

所需時間　40 分鐘
（不含煮飯時間）
分量　2 人份

金平材料：

牛蒡　半根
胡蘿蔔　半根
紅糖（或白糖）　3 湯匙
醬油　2 湯匙
麻油　少許
料酒　少許

銀杏飯材料：

壽司米　2 人份
剝殼銀杏　適量

配菜材料：

雞蛋　1-2 顆
紫蘇葉　1-2 片
小黃瓜　少許（依據個人口味）
蘋果　少許（依據個人口味）

金平用的牛蒡切法有切細條或刀削等幾種方法，其中刀削方式更容易入味。為了充分留下牛蒡的香味，建議刀削後的牛蒡不宜泡水太久，炒牛蒡時儘量用中火快速翻炒。

製作步驟

1 準備銀杏飯：
洗米，量好水量後直接加銀杏。以普通方式煮即可。

2 削牛蒡：
牛蒡用刷子洗好並「刀削」，就像削鉛筆一樣。削好的牛蒡泡在水裏。泡水時間不要太久，以免防營養流失。牛蒡削好後甩乾，放在盤子裏。將胡蘿蔔切絲。

3 炒牛蒡：
預熱平底鍋，加少許麻油。往鍋裏放牛蒡、用中火快速翻炒，加入料酒和糖。牛蒡八分熟後加醬油，再放一湯匙麻油繼續炒。

4 加胡蘿蔔：

胡蘿蔔比牛蒡較容易變熟，加了醬油和麻油後放胡蘿蔔，再炒1分鐘。關火前放白芝麻。

5 做紫蘇玉子燒：

蛋汁中加少許白糖、鹽、料酒。開中火用平底鍋（或方鍋）做玉子燒。做好的玉子燒用紫蘇葉包起，在鍋裏滾一下，讓紫蘇葉貼住玉子燒。

6 做兔子型蘋果：

蘋果削皮後放在鹽水裏，以防變顏色。蘋果泡鹽水大概約一分鐘。

關於牛蒡

如何選購：牛蒡的香味主要在表皮裏，所以最好買附著泥土的。若皮太厚的話口感不佳，請選購比較細長的牛蒡。

處理牛蒡時先用刷子洗一洗即可，不需要削皮。牛蒡是營養豐富的蔬菜，可排除身體的毒，降低膽固醇；預防糖尿病；預防癌症、抗老化；還有抗氧化功能，預防動脈硬化、冠心病。

如何保存：若是帶有泥土的牛蒡，可以用報紙包覆，豎著常溫保存。若保存時間會超過三天，建議冰凍保藏。牛蒡用步驟2的方式處理後，放入塑膠袋或用保鮮膜包覆，放在冰箱（冷凍庫）。可以保存一至二周。

其他食譜：以下爲在日本常見的牛蒡食譜，請參考。

牛蒡沙拉：牛蒡切成細條，鍋中放水，煮開後把牛蒡放入燙大約2－3分鐘，隨後撈起和美乃滋、白芝麻（最好是磨成粉的）、少許醬油攪拌即可。

天婦羅：牛蒡切成細條，與胡蘿蔔絲拌在一起。另準備蛋黃、低筋麵粉、少許冷水攪拌，做成麵衣。牛蒡條、胡蘿蔔絲裏上麵衣。炒鍋或平底鍋倒入油、開中火，燒至油裏起泡後放入食材油炸。

一個人的三明治

大約七年前，我在臺北的一家媒體公司編輯部上班時，很少和其他同事一起出去吃飯。一是怕消費太高，二是怕麻煩。整天大家都在辦公室裏工作，本來就偏內向的我，很希望有一小段獨處的時間。

記得我剛進公司沒多久，每到中午，總有好心的同事邀我一起出去吃飯。當時自己也會猶豫，若一直拒絕邀請，大家會不會覺得怪？會不會開始在背後數落我？但我真的不喜歡和很多人一起吃東西，覺得那樣很不自由。而且，他們的午餐花費不菲，好像每次將近兩百台幣……前輩們是從日本派來的正式員工，而我是「現地採用」，收入待遇本來就差一檔，能跟著他們大手大腳嗎？

有一天，我又好不容易婉謝同事的邀請，坐在自己的座位上取出從家裏帶來的三明治。那時候我常做雞蛋三明治，因爲用一個小鍋子就能搞定，比較簡單。有時候連水煮蛋都不做了，直接到便利商店買茶葉蛋、美乃滋和麵包，拿回家切一切就可以了。

距離兩張桌子，我的斜對面是編輯部長吉川先生。戴黑色細框眼鏡，因運動不足而發福，背影看起來有些喜感，面部表情則略帶神經質。我這辦公室菜鳥常被他教訓：寫作太沒邏輯、數字有誤、辭彙不對、學得太慢等等。當時我對他又怕又恨，怕自己的錯誤又會讓他生氣，恨他對我那麼苛刻。但是作爲菜鳥，只能默默接受。

陽光灑進午間的辦公室，屋內只剩兩人而顯得格外安靜。吉川先生還在打電腦寫東西，傳來一陣陣不祥的「喀噠喀噠」聲。我一邊擔心是不是又要挨罵，一邊小心翼翼地拿出三明治。哎，這樣吃東西也很累耶。我輕歎了一口氣。這時候，吉川先生突然說了一句：「不要太介意。我也不太會跟他們一起吃。」

因爲聲音不大，起初我以爲他在自言自語，但過了幾秒我明白，這正是對我說的。原來吉川先生看出了每天中午我的煩悶、矛盾和迷惑。明白了他的意思後，我還是不知道怎麼回答才好，只是「嗨（是的）」了一聲，繼續啃麵包。雖然我有點驚訝，但感覺心理負擔稍微輕了點。其實吉川先生並不是很受大家歡迎的上司，常有下屬嚼他的八卦甚至是欺負他的話。但他的那句話一直留在我的心底，保持一定的溫度。

辦公室的人際關係確實挺累人的，總是抱成一團就會有疲勞感，太疏遠也會在溝通上出問題。後來的日子裏，我中午還是一個人吃，有時候在辦公室裏吃便當（「我今天帶了便當」是拒絕邀請的充分理由），有時候裝成很忙的樣子，大家出門後自己在咖啡廳裏簡單吃吐司套餐，或在小吃攤買關東煮去公園裏吃。有時候，我鼓起勇氣和同事一起去吃飯，發現小小的改變也能拉近彼此間的距離。之後在辦公室裏也能放鬆些了。原來同事們並非天天吃高級套餐或日式料理，也會吃酸菜肉絲冬粉、蒸餃、牛肉麵之類蠻平價的東西，那我就能更放心地參加午餐交流時間。依據這樣的經驗和自己的孤僻個性，我建立了午餐「六比四」法則，留給自己的時間是六，和大家分享的是四。

我離開臺北和那家公司很久了，也沒有和上司或同事保持聯繫。但偶爾吃三明治的時候會想到那天辦公室裏的陽光、喀噠喀噠的打字聲，以及身爲菜鳥的複雜心情。我現在幾乎是和當時的吉川先生一樣的年紀了，但自己有沒有像他那樣關心周圍的年輕人？如此自問時，我只能默默反省。他，依舊是我的上司。

製作步驟

1 準備雞蛋：

在小鍋裏煮雞蛋，將洋蔥切碎。煮好的雞蛋剝殼後放入在小盤裏，與兩湯匙美乃滋、洋蔥攪拌。用鹽和黑胡椒調味。

2 做雞蛋三明治：

在烤好的吐司上鋪滿調味雞蛋。再用另一塊吐司蓋上。放幾分鐘，讓麵包與調味雞蛋融合。之後將三明治對半切開。

所需時間　30 分鐘

三明治材料：

吐司　1 人份（4 片）
雞蛋　1-2 顆
洋蔥　少量，按個人口味
起司　1 人份（(1-2 片）
小黃瓜　半根
美乃滋　2-4 湯匙，按個人口味
鹽、黑胡椒、奶油　各少許

在日本最普通的是雞蛋三明治，若喜歡稍微辣一點的，步驟 1 的攪拌階段可以加點黃色芥末。三明治有無盡的變化，我的最愛是奶油＋草莓醬，還有奶油＋豆沙的組合。特別是後者，聽起來有點怪，但愛吃甜的人肯定會上癮！

3 準備小黃瓜：

將小黃瓜切成薄片，用乾淨的布吸去小黃瓜表面的水分。

4 做起司小黃瓜三明治：

吐司塗上美乃滋或奶油。一片吐司上放起司片和小黃瓜，疊好後放置放幾分鐘。之後將三明治對半切開。

最佳刀法！

做三明治看起來很簡單，但有幾個祕訣。第一個是水分。麵包吸收水分後會降低口感。若用小黃瓜片等水分較多的材料，最好用乾淨的布塊吸收水分備用。烤吐司後，把奶油或美乃滋塗在吐司上，也是爲了減緩水分滲入吐司。

第二個祕訣是刀。用刀切三明治的時候，最讓人困擾的是「切得不太好」。三明治做得好好的，到了最後一個步驟，若切壞了，就很沒勁……

有兩個辦法，一個是購買切麵包專用的麵包刀，刀刃略帶鋸齒。另外一個辦法是，用熱水加熱普通刀子，擦乾刀面後再切入三明治。

用加熱的刀切的三明治會比較美觀。這是因爲刀能融開麵包裏的油分，不會黏住刀上。同樣的道理，也適用於切生日蛋糕。

刀不要直接用火加熱，那樣會影響刀子的品質。一般也可以用乾淨的布把刀子包起來，上面放些開水將刀面熱一熱。小心不要燙到手！

天婦羅便當

母親的「危險任務」

多年前，在東京公共圖書館裏看到繪本朗讀會，三、四歲的小朋友乖乖圍坐在活動室裏面，一位繫著圍裙的阿姨笑咪咪地給大家朗讀繪本。十來位小朋友全都聽得入迷，全神貫注於繪本上，表情萌得很。什麼故事這麼有趣呀？我看了門上貼的介紹，原來是《鬼子天婦羅》（文/圖：瀨名惠子，一九七六年出版）。

後來我在圖書館裏看到這本書。主人公是帶著黑框眼鏡的白兔，她去山裏摘草的路上遇到小貓，小貓剛好在吃便當。便當菜是魚和地瓜天婦羅，饞嘴的白兔忍不住要來了一塊天婦羅，覺得格外好吃。

白兔從小貓那裏學到了天婦羅食譜，回家路上就買好了材料：胡蘿蔔、地瓜、洋蔥、荷蘭豆、南瓜，還有麵粉、雞蛋和油。白兔到家後馬上開始做菜，首先切好蔬菜類，接著做天婦羅的「麵衣」（麵粉、蛋汁和水混和）。將切好的蔬菜輕輕地裹上麵衣，之後在熱油裏炸。

剛起鍋的天婦羅又香又好吃，白兔邊吃邊炸。山鬼聞到這個香味，就縮小身子悄悄潛入白兔家，開始偷吃天婦羅。沒想到山鬼一不小心掉到麵衣裏，差點被白兔炸成天婦羅。後來總算脫險回山上去了……

繪本裏白兔的表情很豐富，先是一臉孩子似的天真，做天婦羅時又格外認眞，搶吃小貓的天婦羅時，表情活像臉皮厚的大嬸（此時小貓的表情很無奈，很可憐）。繪本的角色、器物、背景都畫得單純而又細膩。

其實，小時候天婦羅給我的印象是「恐怖」，因為母親為讓我警惕熱油的危險，重複跟我叨念種種慘劇。比如，熱油濺到臉上會怎麼樣，油溫過高會引發火災等等等等。母親在炸天婦羅時，總把廚房的門關得緊緊的。我只能在別的房間等待母親完成「危險任務」。直到母親帶著天婦羅香味走出廚房時，我才能鬆一口氣。我想，當年若有《鬼子天婦羅》繪本，我在等待的時候應該會輕鬆些。

就像繪本中白兔說的，「剛炸好的天婦羅最好吃！」日本的老饕們都知道，在天婦羅店要找離廚房最近的吧台位子，這樣能吃到剛起鍋的天婦羅。不過，有的天婦羅放涼後也別有一番滋味，比如地瓜、胡蘿蔔天婦羅。

天婦羅既是很高級的日本料理，也可以是低成本的家常菜。就像白兔買的材料一樣，冰箱裏常備的蔬菜（藕片、地瓜、青椒、胡蘿蔔、茄子等）切片或切絲，與麵粉、蛋汁攪拌起來炸即可。重點是炸之前，控制好食材包括麵衣的溫度。白兔用冷水調製麵粉和蛋汁，這樣才能炸出口感爽脆的天婦羅。天婦羅一般是深一點的鐵鍋炸的，以便保持油溫穩定，不過我用的平底鍋也湊合。湯汁最好是用日式食品店的瓶裝「蕎麥麵或天婦羅湯汁」。買不到的話，也可以用醬油、糖、柴魚風味高湯自己調製。還有不少美食家說，其實天婦羅無需搭配任何醬料，直接撒鹽食用即可。

所需時間　40 分鐘

天婦羅材料：

胡蘿蔔　半根
蝦皮　半小碗
茄子、藕片　各 1 小段
四季豆　2-3 條
紫蘇葉　2-3 片
香菇　1-2 朵
蛋黃　1 個
麵粉　2 湯匙（最好是低筋麵粉）
冷水　100-150 毫升（或飲用水中加 1-2 個冰塊）
植物油　油炸用。（按鍋子大小，200-400 毫升）

天婦羅醬材料：

醬油　2 湯匙
白糖　2 湯匙（或用黃糖）
料酒　1 湯匙
鰹魚粉　半湯匙

白玉糰子材料：

糯米粉　1 小碗
糖水栗子　1 顆
豆沙　適量

這次介紹的天婦羅是蔬菜為主，但天婦羅的種類很多，可以用大蝦、魷魚、海苔、雞肉等，也有人用柿餅等甜品做成天婦羅。另外，吃天婦羅不一定要配天婦羅醬，也有不少人喜歡蘸點鹽吃。

製作步驟

1 準備蔬菜：

胡蘿蔔切絲，與蝦皮簡單拌一下，撒少量麵粉。四季豆去邊筋，切成5-6公分長條。茄子切片，再劃幾刀以便炸製。蓮藕切片，紫蘇洗淨，瀝乾水分備用。

2 做天婦羅醬：

小鍋裏放100毫升水、醬油、白糖（各2湯匙）、料酒（1湯匙）和鰹魚粉（半湯匙），煮開後調小火繼續加熱1-2分鐘，之後關火冷卻，備用。

3 準備天婦羅用麵衣：

蛋黃和100-150毫升冷水攪拌，之後加麵粉（1湯匙），調製成漿。

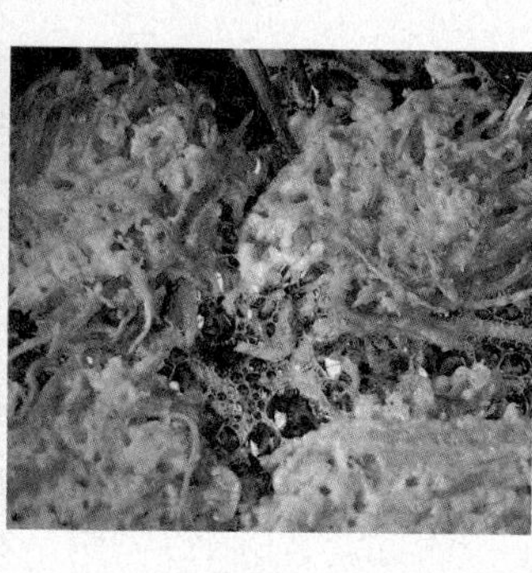

4 炸天婦羅（茄子、藕片、四季豆、香菇、紫蘇葉）：

平底鍋裏放植物油至 1－2 公分深。開中火加熱至大約160度。用木質筷子探入鍋中試油溫，若從筷子上起細小的泡，則油溫已夠。蔬菜裏上麵衣，輕輕放入鍋中油炸。八分熟時把火開大些，以便讓天婦羅口感爽脆。撈起天婦羅後放置吸油紙上。

5 炸天婦羅（胡蘿蔔加蝦皮）：

把食材裏上剩下的麵衣，分成六、七塊並輕輕放入鍋中油炸。天婦羅平放，不用太厚。八分熟時把火開大些，以便讓口感爽脆。撈起天婦羅後放置吸油紙上。

6 裝便當盒：

便當盒內裝好飯後，飯上面撒點步驟2的醬。之後各個天婦羅下面沾點同樣的醬，裝盒即可。

7 做甜點（糯米糰）：

糯米粉加水，拌揉均勻成糯米團。放入滾水中煮至浮起。撈出後放入冰水中冷卻，以便保持彈性。冰涼後撈出瀝乾水分，添上適量豆沙和糖水栗子。

「天婦羅」並非日語

日本菜一般都很清淡，怎麼會有油炸的天婦羅呢？據說它源於葡萄牙語「temperar」（加料、用油），那是早在十六世紀的安土桃山時代，隨著天主教傳教士一起來到日本長崎的西方料理。西元一六六九年的日本文獻《食道記》中，已有關於天婦羅的記載。這樣看來，天婦羅雖然是來自於西方，但傳到日本大概已有四百多年的歷史。

天婦羅在日本國內經歷過經過多次「本土化」，到江戶時代中期，天婦羅已經很接近現在的樣子：一條小魚或蔬菜上沾上蛋汁並炸製。這個時候，在江戶（現在的東京）街上有了不少天婦羅攤子，以「急性子」聞名的江戶人站著吃剛炸好的天婦羅。據說當時的天婦羅是紮著竹籤炸製的，這樣廚師料理時很方便。廚師的動作更快些，客人吃起來愈發方便。炸製用的油是純麻油，這樣炸出來的天婦羅味道格外香濃。和壽司或蕎麥麵一樣，當時的天婦羅是江戶人的「速食」之一。

那麼爲什麼是在攤子，而不是在店裏吃？那是因爲當時日本的大部分建築是木造的，若一旦發生火災就不可收拾，難免釀成大災害。炸天婦羅需要大量熱油，所以做天婦羅還是在離住所稍微遠一點的路邊，隔開比較安全。

江戶時代轉換到了明治時代，天婦羅的人氣依舊還沒有衰退。但到了大正時代，情況起了有變化。一九二三年在日本發生了關東大地震，東京不少餐廳老闆不得不離開東京，分散到日本各地去了。如此一來，原本是江戶特色食物的天婦羅，也普及到日本全國，並在各地又「在地化」了。

茶泡飯
便當

茶泡飯時刻

茶泡飯的日語名爲「茶漬」（ちゃづけ），白飯加上熱茶，通常是用日本綠茶。夏天食欲不振時，也有人喜歡用冷茶配冷飯，外加一份醃蘿蔔，解暑又開胃。現在我們吃的茶泡飯，據說是江戶時代中期，庶民喝起粗茶後才開始普及的。柴魚片、海苔絲、梅乾是茶泡飯的三大經典配料，注入熱茶後搭配醃菜，別有一番滋味。當然，茶泡飯還可以自由發揮，配上辛味明太子（辣鱈魚籽）、鮭魚卵、生鮪魚片的「豪華版」也不錯。

小津安二郎有部電影叫《茶泡飯之味》。一對相親結婚的夫婦，妻子看不慣丈夫的土氣，時常鬧彆扭。有一次妻子賭氣離家出走，又趕上丈夫出國出差。妻子回到空蕩蕩的家，感覺很失落。沒想到丈夫因航班停飛而返回，給了兩人一個和好的機會。時間已晚，傭人也睡著了，兩人最後端出的是醃菜和茶泡飯。丈夫邊吃邊說：「就是這個，夫妻就是茶泡飯的味道。」的確，不需要什麼矯飾，清淡自然地共用日常，這就是夫妻和茶泡飯之道。

茶泡飯一般口味清淡，熱量不高，堪稱減肥料理。難怪在遍布日本的居酒屋裏，人們大嚼串燒、雞翅、炸雞塊、馬鈴薯沙拉之後，常常會叫上一碗茶泡飯。在酒徒的喧嘩聲中默默吃下，一解油膩。但我覺得，茶泡飯更適合在安靜獨處的時候享用。這個，大概和我的童年經歷有關。

我小時候，母親總批評茶泡飯「營養不均

衡」、「對胃不好」、「鹽分太多」，總之不許我多吃。不過父親倒是不信邪，常讓母親張羅茶泡飯給他。每天早上我七點多起床時，父親已收拾得乾乾淨淨，穿著熨得筆挺的襯衫，在客房一邊聽ＮＨＫ的天氣預報，一邊瀏覽《日本經濟新聞》報，然後用喝茶的速度呼呼吃著茶泡飯。昨晚剩下的白飯上，放上母親醃製的梅乾或蘿蔔乾，再倒入新沏的綠茶。有時也會直接撒上「茶泡飯之素」，用熱水沖來吃。匆匆吃完後，父親便立即漱口、繫領帶、穿外套。我趕忙說上一句：「爸，路上小心！」父親便向我點點頭。母親一轉眼從廚師變成司機，已經在車庫發動引擎。父親的公司不近，要搭一段時間的電車，母親要負責把他送到搭車地點的車站。

從家裡到電車站，開車需要七分鐘。大約十五分鐘之後，母親就會趕回來。在這短暫的獨處時間裏，我轉台到ＮＨＫ教育頻道，邊看兒童節目邊吃母親準備的早餐，通常是奶油果醬吐司、牛奶和水果組合。這時候，桌上經常留著父親的筷子、茶杯和空碗（碗裏會留下一顆梅子核），還有已開封的「茶泡飯之素」包裝袋。

晨間的陽光撫過昨夜的空氣，家裏如此寧靜，彷彿時間已凝固。電視裏的「唱歌姊姊」總是滿面笑容地蹦跳著，和此刻的靜謐有些不搭。我一口一口默默嚼著吐司，「啪嗒！」母親匆匆趕回，那是車鑰匙丟在鞋櫃上的聲音。像啓動開關一般，家中立刻恢復原有的氣氛。在母親的催促下，我趕緊吃完、刷牙，穿上幼稚園制服，側身背好黃色包包，乖乖戴上帽子。

母親再次出門，拉著我的手一起等幼稚園的校車。估計在送完我之後，母親會用剩下的「茶泡飯之素」，匆匆打發掉自己的早餐。

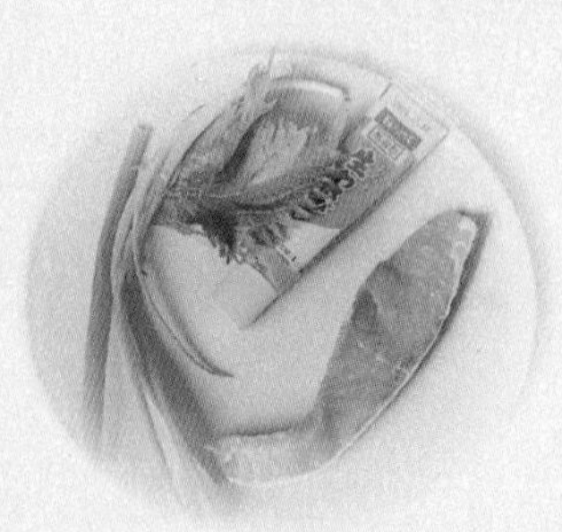

所需時間　30 分鐘
分量　2 人份

茶泡飯材料：

飯　2 人份（按個人飯量）
生鮭魚片　1-2 片
小蔥　2-3 根
紫蘇葉　1-2 片（依據個人口味）
鰹魚粉、醬油、熟白芝麻、芥末　各少許
海苔　適量
茶葉　適量（建議用日本綠茶）

不少周圍中國朋友反應，他們之前用中國的綠茶來試過茶泡飯，結果難以入口。不知為何，做茶泡飯感覺還是用日本茶較合適。日本綠茶中適合用於茶泡飯的有幾種，如「煎茶」、「焙茶」和「番茶」，不需購買太高級的種類，100 克不到 1000 日圓即可。

製作步驟

1 做鮭魚肉鬆：
將烤箱調溫至200－250度，鮭魚片進烤箱後烤10－15分鐘。烤完後用筷子將魚肉夾碎成肉鬆，並拌入少許鰹魚粉（或干貝風味味之素）和醬油調味。

2 裝飯：
在便當盒或有蓋隨身杯裏盛飯。

3 準備海苔：
海苔最好用壽司用的，在瓦斯爐上快速烘一烘，用乾淨的剪刀把海苔剪絲，並用小塑膠袋裝起來，以便攜帶。

4 準備調料：

小蔥與紫蘇葉清洗後切絲，與鮭魚肉鬆、白芝麻和芥末一起裝進密封小盒子。

5 用餐指南：

用餐前用微波爐加熱飯，飯上放調料後加新沏的綠茶（或白開水）即可。

茶泡飯很容易肚子餓，建議另帶小點心（如銅鑼燒）下午配茶吃。

「茶泡飯之素」是什麼？

每次回老家前，我會列一張購物清單，基本上清單中都是食物。速食調味包「茶泡飯之素」每次必買，它的主要成分是海苔、抹茶、食鹽和鰹魚粉，有梅乾、鮭魚、芥末等口味可選擇。使用起來很方便，在碗裏盛少許飯，撒上調味料，加進一小杯開水就是香噴噴的茶泡飯了。

做好吃的茶泡飯有兩個祕訣，一是飯不要太多，不能盛得太扎實，鬆鬆的即可。第二個祕訣是加的開水（或綠茶）一定要夠燙，分量也得足夠。最後，吃茶泡飯不要吃太慢，把飯帶湯，趁熱一下子吃完，我認爲這才是茶泡飯的眞正的吃法。

複雜些的是名古屋的「鰻魚茶泡飯」，鰻魚淋上醬汁做成蓋飯，吃的時候先用小湯匙將鰻魚切成四塊，第一塊鰻魚配飯直接品嘗。第二塊則是加上蔥花、海苔、芥末拌著吃，第三塊往小碗裏注入熱茶或湯汁，搭配茶泡飯吃，最後一塊才是自由發揮。

沒有「茶泡飯之素」也沒關係。茶泡飯的做法簡單，有飯和開水，加點鹹菜就成。它的變化無窮，加點雞絲，白飯上弄一顆梅乾再加開水，或白飯加開水和榨菜也是挺好的搭配。（很像上海那邊的泡飯呀。）

章魚香腸
便當

我的香腸是「假」的

一說起香腸，我想到的是魚肉香腸。小時候連可樂都不讓我喝的母親（「喝這個，你的骨頭會融化掉哦！」），可能因爲是營養考慮吧，母親會買紙盒包裝上印著卡通形象「花仙子」的魚肉香腸給我吃。一盒四根，頭幾口覺得蠻香的，但幼稚園那時候的我總吃不完一整根，難免被母親數落。

有一次，我不太記得那天是因爲運動會還是有什麼表演，小朋友中午吃的不是幼稚園提供的午餐，而是自己從家裏帶來的便當。那時在我們「玫瑰班」裏，一位小朋友的便當引起轟動，因爲他拿來的便當裏有「章魚香腸」。「看！有腳！」「還眞的有八根呢！」因爲它眞的有八根腳，讓我覺得很神奇，還懷疑這是香腸還是眞的章魚。

回家後我從冰箱裏拿出一根魚腸，立即請母親把它做成章魚。母親一看我的香腸跟我說：「你的香腸並不是眞的香腸，所以，不能做成『章魚桑』。我們改天去超市買眞的香腸試一試吧。」

母親的話打擊了我，原來，自己吃的東西是「假的」！我大概上小學之後就不再吃「花仙子」魚腸，可能和那次打擊有點關係吧。後來母親並沒幫我買「眞的」香腸，也沒幫我做章魚香腸，所以我第一次吃章魚香腸是在好幾年之後的事情。

幾年前我和先生住在上海。有一天，我先生和平常一樣去上班，我在家裏寫稿。到了中午肚子餓的時候，我發現在糖果盤裏有幾根小小的魚腸，有點像我小時候吃的「花仙子」魚腸。不過，剝開塑膠皮吃了一口後很失望，一點鹹味都沒有，很難吃。「中國的魚腸怎麼這麼難吃？」，我勉強吃掉一半，但實在受不了，便給家裏養的小貓吃。小貓倒是蠻喜歡的樣子，咕嚕咕嚕地大嚼起來。到晚上我先生回來，看到小貓飯碗裏剩下的香腸就說：

「哦，小貓吃了些『貓香腸』嗎，牠喜歡嗎？」

「『貓香腸』是什麼呀？」

「那天網上買貓食時送的香腸。」

原來，我吃的是給貓吃的香腸，我又吃到了「假的」香腸了。還好我沒拉肚子，但是，他怎麼會把貓吃的東西放在糖果盤裏呢！

所需時間　30 分鐘

章魚香腸材料：

脆皮香腸　4-5 根
植物油　少許

其他材料：

綠花椰菜　半顆
胡蘿蔔　半根
杏仁（或花生米）　5-6 顆
鹽、白胡椒、白醋　各少許
玉米粒　適量
黑芝麻　少許（做章魚「眼睛」用）

這次的章魚香腸用平底鍋炒，也可以用小鍋水煮。我覺得水煮的章魚香腸更好看些，但從口感和鮮味來看，還是炒香腸比較好。

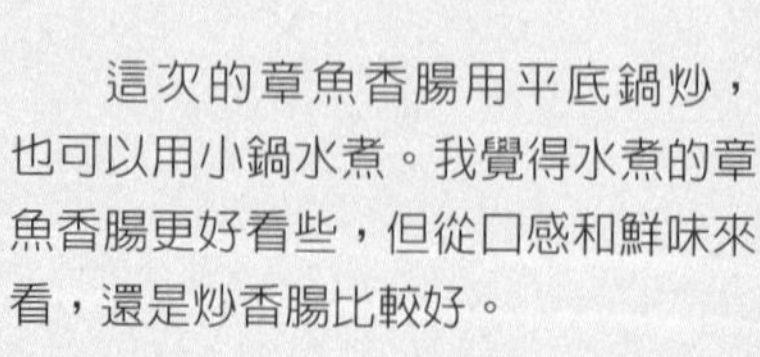

製作步驟

1 切香腸：

在香腸的一半或三分之一處用刀剖出6－8瓣。

2 炒香腸：

平底鍋裏放少許油，開中火後放入香腸，炒2－3分鐘。香腸徹底加熱，「腳」會自然分開。

3 清炒綠花椰菜：

將綠花椰菜切成小塊，置入平底鍋以中火加熱。爲了讓綠花椰菜熟透，可加入半杯水和少許鹽，蓋上鍋蓋烹煮1-2分鐘後，關火裝盤放涼。

4 炒玉米：

玉米粒放入平底鍋炒熟後，拌入米飯中。

5 做胡蘿蔔沙拉：

用菜刀在砧板上拍碎杏仁，和切好的胡蘿蔔絲、鹽、白醋、白胡椒攪拌。按個人口味，可放入少許橄欖油。

香腸的種類和變化

據ＮＨＫ《Project X挑戰者》節目介紹，發明章魚香腸的是料理研究者尙道子女士（一九二〇－二〇〇二）。她的父親出身沖繩縣，丈夫乃是琉球王國末代國王尙泰的孫子尙明。尙明後來成爲日本住宅公團的住宅計畫課長，發明了Dining Kitchen（面向用餐區的廚房），爲二戰後的日本住宅設計帶來革命。

尙道子從小喜歡做菜，也有這方面的才華。丈夫尙明身爲戰後公務員，薪水微薄，但她還是能用簡單的材料做出美味佳餚，後來她在東京都舉辦的家庭料理比賽中拔得頭籌，繼而成爲ＮＨＫ料理單元「今日料理」的講師，長年爲家庭主婦介紹經濟又美味的食譜。據說章魚香腸就是尙道子爲鼓勵辛勤工作的丈夫而設計出的餐桌驚喜。剖開後的香腸外觀俏皮可愛，也更容易咀嚼。

做章魚香腸時，最合適的是「脆皮」香腸。塑膠皮裏填充的魚肉香腸很難做成章魚型，而用腸衣裏製的香腸加熱時變得很脆，劃上幾個刀口便會翹起來，這就是「章魚」的腳。超市裏賣的香腸，有的有皮，有的沒有，選購時請注意。

除了章魚外，脆皮香腸還可以做成兔子、鯨魚、小豬、螃蟹等，幫小朋友做便當時可以參考。香腸當便當菜時，請記得徹底加熱，加工、裝盒時要確認手已洗乾淨。遇到「秋老虎」天氣，若沒有徹底加熱，香腸等加工肉類比較容易變質。

小豬香腸製作：

把香腸煮熟後，從一邊切去兩片，一片再切一半（或四分之一）作爲耳朵，另一片當做鼻子。用刀在香腸上面切入並固定「耳朵」，將「鼻子」用蔬菜或用義大利麵釘住。用黑芝麻做「眼睛」，最後插上義大利麵當做「豬腿」即可。

香菇鑲肉

浴室裏的香菇

日本美食家北大路魯山人（Kitaooji Rosanjin）※在一篇短文裏談到過香菇：

去任何國家或地方，都能遇見當地人的「自豪」。有關歷史、人物、料理、特產等的自豪，因時因人而不同。鮮香菇也不例外，若是京都人，會很驕傲地說：「香菇還得是京都產的。」若是鄉下人，他也會不認輸地說：「咱俺們山裏的香菇不會輸給京都的。」

不管是生香菇，還是其他的任何物產，時間一過，味道就開始衰敗。為本地物產驕傲的人，吃的應該是剛摘來的鮮貨，味道自然比外地運來的高明。

（摘自北大路魯山人《關於椎茸》，筆者拙譯）

記得在我小時候，有一段時間突然流行起「自家栽培香菇」。想必大家不用美食家的提示，也知道香菇越新鮮越好，外加在家裏種香菇還能讓孩子在家學習些「大自然的奧祕」，算是一舉兩得。

當時流行的是「段木栽培」，大家從園藝DIY商場買回栽種有香菇菌種的木頭，擱在濕潤的地方等著香菇長出來。聽說段木培植出的香菇又厚又香，切片後直接沾醬油就能吃，味道十分鮮美。那時我剛上小學，對生吃香菇一點興趣都沒有，只是覺得會長香菇的木頭很好玩，所以拚命向母親撒嬌，想弄那麼一段回來。但母親聽說香菇的生長速度驚人，考慮到自家的消費量，外加不相信女兒「會好好照顧香菇」的承諾，就投了否決票。所以我很羨慕鄰居好友美紀，她家就有一段神奇的木頭。

我母親和美紀的媽媽關係還不錯，常能站在門口聊上一陣。有一回就聊到了美紀家的栽培香菇。原來美紀的媽媽把家裏的浴室選定爲香菇栽培地，白天家人不用浴室的時候，就把香菇段木擱在裏面，據說收成還不錯。更有意思的是，沒過幾天，美紀洗澡的時候，發現用來蓋浴缸的木頭蓋子上也萌發出了幾朵迷你香菇……

過了一陣，自家栽培香菇也不怎麼流行了，我對「神木」也迅速失去興趣。那時候，每年有一兩次，我和美紀能去對方家住一晚，兩個小朋友能開心地聊到睡著。我在她家洗澡的時候，還特別研究了浴缸蓋子，倒是沒發現香菇的痕跡。我和美紀上了中學後不知爲何就不怎麼交往了，所以初三那年我搬家後，就沒保持再聯繫。

「香菇神木」如今在日本的ＤＩＹ商場裏還能找到。長度大約八十公分，價格不到一千日圓。按照說明書的指導栽培順利的話，整段木頭上會長滿香菇，據說能收穫兩三次。日本超市裏販賣的香菇七、八朵就要兩百日圓，自家栽培多划算呀。我向忙著整理「週末菜園」的父親大力推薦：要不試試種香菇？看起來不怎麼費力，偶爾噴噴水就可以了嘛。

父親無奈地看了我一眼：早就試過呢，哪有那麼簡單，等了好幾個月只收穫幾朵，算得上史上最貴的香菇了！

我回到北京的廚房裏，邊做香菇鑲肉邊回想起美紀和父親的表情。從超市買回的香菇可沒那麼多的趣聞，這是否也算是北大路魯山人所說的「不如自家」呢？

※注：北大路魯山人（一八八三－一九五九）是畫家、書法家、烹調師、陶匠、篆刻家，同時也是位美食家。他生於京都，三十九歲時創辦會員制食堂「美食俱樂部」，自己也當客串廚師，同時販賣自己製做的餐具。二戰後，他的經濟狀況並不好，但一九四六年在銀座開設「火土火土美房」，獲得了在日歐美人士的好評。七十一歲時應洛克菲勒財團之邀，在歐美各地參加展覽和講演，並獲機會拜訪畢卡索、夏卡爾等大師。七十二歲時被指定為織部燒（日本中部美濃地方生產的陶瓷）的「重要無形文化財保持者」。北大路魯山人拒絕了這一殊榮。七十六歲時，因肝硬化逝世。

製作步驟

1 準備香菇：

香菇用布擦淨，去柄。香菇頂面用刀切出十字，方便入味傳熱。

2 做肉餡：

大蔥切碎後與絞肉、雞蛋、太白粉（1湯匙）、薑泥、少許鹽、醬油和白胡椒攪拌，再拌入切碎的香菇柄和胡蘿蔔。肉餡攪拌到稍微有粘性即可。

所需時間　45 分鐘（不含煮米飯的時間）
分量　2 人份

香菇鑲肉材料：

香菇　約 12 朵
絞肉　半斤
雞蛋（小）　1 顆
大蔥　1 小段
胡蘿蔔　1 小段
生薑　1 小塊
鹽、白胡椒、醬油　各少許
太白粉　適量

地瓜飯材料：

地瓜（小）　1 個
白飯　2 人份

芝麻涼拌材料：

茼蒿菜　1 把
芝麻粉　1 湯匙（白或黑均可，無糖）
醬油　少許

做香菇鑲肉，可以做多一些，做到步驟 3 之後放入保鮮塑膠袋冰凍保存。食用前用微波爐加熱 4-5 分鐘即可。這樣可以節省早上做便當的時間。地瓜若是只為了做便當而蒸地瓜，有點浪費時間，可以多蒸多一些當早餐吃，剩下的拌入飯中做地瓜飯。

3 鑲肉：

香菇頂面凹的部分撒點太白粉，以便黏住肉餡，之後塞入肉餡。

4 煎香菇：

平底鍋裏放少許植物油，開中火將油燒熱後放入香菇。先將肉餡面朝下，調小火後慢慢煎，肉餡面變金黃色後翻過來再加熱。關火之前加點醬油調味。按個人口味，上面撒點辣椒絲。

5 做芝麻涼拌菜：

茼蒿菜洗淨後水煮30秒，放涼後擠乾水分，切小段。與白芝麻粉和醬油攪拌即可。按個人口味可以加一搓鰹魚粉。

6 做地瓜飯：

地瓜蒸熟後切小塊，與米飯攪拌。

便當盒的選購

1．蓋子結構

想到帶便當這件事，便當盒的選擇是很重要的。我認爲最關鍵的是蓋子，一定要能蓋緊，否則上班途中擠來擠去，到公司時背包裏會慘不忍睹。有的便當盒外形非常美觀，但是蓋子總有些空隙，蓋不緊。

2．尺寸

以下列出便當盒大小，是考慮了一般人所需熱量的數字，供參考。

成人一天需要的熱量：

男性兩千到兩千八百卡（一餐所需熱量大約八百卡）↓便當盒容量大約八百毫升

女性一千六百到兩千四百卡（一餐所需熱量大約六百卡）↓便當盒容量大約六百毫升

小朋友的便當盒是要比成人小一些。

三至五歲↓便當盒容量大約三五〇毫升

六至七歲↓便當盒容量大約四五〇毫升

便當大小還是按照自己的工作強度（熱量消耗多的人，自然需要更多的熱量，要吃得多），同時考慮到自己的習慣或胃口。我高中時用的便當盒容量有七百七十毫升，記得那時候每次另外帶小盒子放水果或迷你果凍，這樣便當盒總容量就輕鬆超過1公升了。眞是個能吃的女孩子。

3．材質

便當盒有許多種材質，包括塑膠、玻璃或不鏽鋼，在此介紹最常見的三種。

塑膠製：店裏銷售的大部分便當盒是塑膠做的，建議大家選擇耐熱（可以用微波爐加熱）的產品。塑膠材質的便當盒，一般它的蓋子是可以蓋緊的，但蓋子上的凸凹部分不太好清洗。

不鏽鋼製：這種材質便當盒的特點是耐用，而且油脂也好洗。因爲若用保溫器（而不是微波爐）加溫的話，不鏽鋼製便當盒最合適了。

木質：風格不錯，放什麼東西都比較「像樣」。木質本身就有保溫效果，有的木料還有抗菌功能。木質便當盒會適量吸收飯的濕度，因此到中午時飯不會太軟、口感剛好。不過木質材料容易吸收食物的香味和油脂，最好用餐後馬上用水洗一洗、風乾。

對了，您帶便當的時候就別忘了帶筷子哦。我有幾次忘了幫丈夫帶筷子，他到中午時沒辦法，只好跑到公司附近的麵館向店家要筷子。

照燒雞肉便當

無名菜

有一次回日本，回到父母家時家中剛好沒人。早上的飛機，到達時已將近下午四點，肚子有點餓。我還沒整理行李，就跑到廚房打開冰箱，拿出剩菜，從電鍋中盛飯。菜應該是前一天晚上的，高麗菜和蛋一起炒，用醬汁調味，裏面還有雞肉。菜是冷的，但和一碗熱飯吃還過得去。喝一口綠茶，拿起筷子，吃一口菜，我全身感覺到「回家了」，因爲那是從小吃的一道菜。連名字都沒有，只有母親才做得出來的味道。

估計每個家庭有這樣的「無名菜」。若家裏來了個客人，這樣的菜絕不會出現，因爲太簡單、不起眼、味道不怎麼特別。它是這個家庭裏太熟悉的一道菜，也不會受到讚美，飯桌或便當角落裏時常出現，默默地消失，又出現，又被吃掉。

高麗菜炒蛋、梅醋（做梅乾時的副產品）拌菜、青椒炒肉（與青椒肉絲不同，用味噌調味）……這樣寫下來心裏癢癢的，因爲我對這些菜太熟悉了，從來沒用文字或語言來介紹過，我們家人之間，說「媽媽做的酸酸的」或「那個用青椒的」就能表意。

在我小學五、六年級的時候吧，當時流行「照燒」的烹調方式。麥當勞等速食連鎖店或西餐連鎖店都有寫著「照燒」的菜單，超市也出現「照燒」口味薯片。人人吃得那麼好吃的樣子，我對這些很好奇，但母親擔心孩子的健康，不讓我去吃麥當勞，也不會給我買薯片。

等了好久，機會終於來了。我小時候是個書呆子，稍微有點時間就會拿起書看，小學圖書室的書都看光了。我一直喊著要去市立圖書館，有一個週末父母同意讓我一個人去，因爲「你已經長大了」，這樣爸爸陪伴剛上幼稚園的妹妹，母親可以在家裏稍微輕鬆輕鬆。母親除了公共汽車的「回數券」（買十張送一張）外不肯給我零用錢，我跟父親悄悄地要了一枚五百日圓硬幣就出門了。

從家裏出發，換乘一次方可到圖書館。我那天特別興奮，可以一個人到這麼遠的地方，比每週上一次課的古筝老師家還要遠！一張讀者卡可以借五本書，於是我把書單安排如下：能輕鬆看完的書兩本（《調皮三人組的大冒險》等），有學習型的書兩本（如海外經典作品），再加實用型《養鳥手冊》。

借完書，再坐公車到換乘地點，這裏有一個車站，比較熱鬧，有幾個價廉美味的連鎖餐廳。我直奔麥當勞，點了「照燒漢堡套餐」，四百九十日圓。對一個小學生來說，心愛的「調皮三人組」系列加上漢堡套餐，還有更幸福的嗎？

我的個性從小就是「最好吃的留到最後」型，先從薯條下手，左手壓住書的頁面，眼睛也是盯著頁面，右手在薯條、嘴巴、汽水、嘴巴路線上快速移動。吃完薯條，我把書放在漢堡旁，拿起久仰的「照燒」漢堡。

張開嘴巴，咬緊大漢堡。小時候的麥當勞漢堡總是很大，張開大嘴才能吃，而且吃好幾口才可以吃完，不像現在。可是我越吃越覺得不太對勁，肉是鬆鬆的，醬汁黏性過多，有點甜，沒有想像當中的美味。我心裏想，媽媽平時做的「那個雞肉」和這個漢堡肉味道有點像，但媽媽做的好吃多了，味道不會太甜、鹹味剛剛好，很耐嚼。此時我發覺到，原來，母親常常做的「那個雞肉」的做法，外面的世界就叫「照燒」。

製作步驟

1 加熱馬鈴薯：

馬鈴薯削皮後切成小塊，用小鍋水煮。煮透後將鍋裏的水倒掉。馬鈴薯上撒點鹽，調小火，邊搖鍋邊，讓馬鈴薯裏的水分蒸發掉。關火。按個人口味加黑胡椒。

2 處理雞肉：

雞腿肉建議用常溫的。將雞腿肉切大塊，用薑泥和料酒醃兩三分鐘。

3 加熱雞肉：

開中火，將平底鍋預熱，雞腿肉的油分較多，不需放油。將雞腿肉的皮朝下開始煎肉，直到雞皮呈黃金色，翻面，繼續加熱到雞肉八分熟。若流出來的油分太多，可以用吸油紙吸去。

所需時間　40分鐘
分量　2人份

照燒雞肉材料：

剔骨雞腿肉　1隻（約250克）
醬油　2湯匙
料酒　2湯匙
白糖　2湯匙
太白粉　半湯匙
薑泥、麻油　少許

其他材料：

高麗菜　約3葉
花椰菜　1小塊
馬鈴薯　1顆
植物油、鹽、咖哩粉、白胡椒　各少許

製作「照燒」可用烤箱或平底鍋。這次介紹的是最簡單的方法，可以用一個平底鍋就能搞定。照燒的醬汁配合也很好記，醬油、料酒和白糖等量，加一點點太白粉。若有「味醂」可以再加少許，會增加成品的亮度。

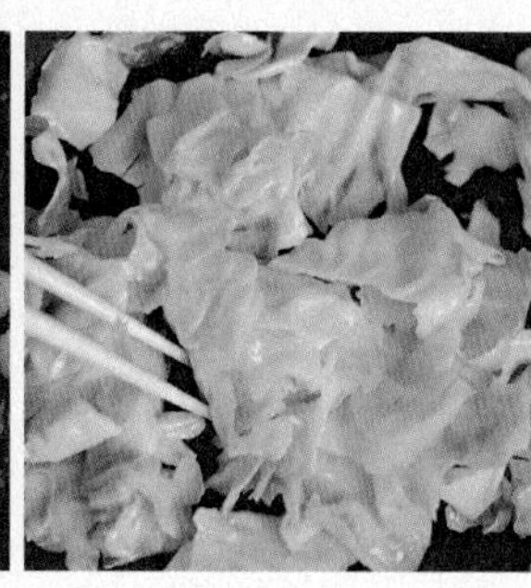

4 調味雞肉：

從鍋邊倒入調味汁（醬油、料酒、白糖和太白粉），並把火調小。調味汁的泡沫變小時，蓋上鍋蓋燜2分鐘。雞皮呈亮色、醬汁變稠後關火。

5 炒高麗菜：

高麗菜洗淨後切小片。平底鍋預熱，用植物油炒高麗菜。用鹽和白胡椒調味。

6 燜製花椰菜：

花椰菜切小塊。預熱平底鍋，放入花椰菜、少許鹽和半杯水，蓋上蓋子燜兩分鐘。八分熟時撒點咖哩粉和橄欖油，攪拌。加熱到熟透後關火。

照燒到底是什麼？

照燒是日本的一種烹飪方式，醬汁的基本材料爲糖、料酒和醬油，在加熱過程中醬汁中的糖分在食材上增添「照」（即亮度），故此得名。照燒用的食材可以用魚肉或其他肉類，也有用豆腐、蒟蒻，或魷魚等做法。

照燒的日語發音爲「teriyaki」，在歐美國家的超市裏容易找到「teriyaki sause」（照燒醬），但我覺得這些照燒醬裏加了蒜泥、香料或多餘的糖，和在日本吃到的照燒醬還是有點距離。我有一次在波蘭和當地朋友一起去日本料理店，店裏點什麼雞肉或魚肉，都是這個 teriyaki sause 的味道。不過朋友很喜歡。那就好。

在日本，麥當勞、摩斯漢堡等速食連鎖店，都會有「照燒漢堡」，用的醬也是類似 teriyaki sause 的。感覺麥當勞的偏歐美口味，摩斯漢堡的接近日本本地的「照燒」做法，照燒雞肉上面的美乃滋，加上新鮮的生菜，明知這個漢堡的熱量不低，但還是敵不住它的魅力。

這次介紹的照燒雞肉是便當用的，先把雞腿肉切塊再加熱。但若在家裏吃的話，雞腿肉也可以不切塊，將一整隻去骨雞腿加熱、調味後切條即可。這樣擺盤時會更好看。若用一整隻雞腿肉時，加熱前建議用叉子刺雞腿皮幾次，使之入味。

可樂餅
便當

竹劍和可樂餅

今年回家過正月，父母照例準備很多好東西讓我帶回北京。我在找空袋子時，發現了櫥櫃裏的竹劍。雖然有點褪色，但認得出是我中學時用的。我問父親留著有什麼用，他說萬一壞人闖進來，能抵擋一陣。我聽了，一邊笑一邊雙手握劍，皮質握柄的觸感喚起許多回憶：劍道部鈴木老師的吼聲，身背修長竹劍袋的「大和撫子」（注：日語裏對女性的美稱），從高崗上看到的夕陽，還有肉店的可樂餅……

從小學升入中學，意味著不少變化：開始學英文（我小時候英文是到中學才學）；穿上可愛的學生制服；告別小學「給食」，開始帶便當上學；還可以自由參加學生社團活動。我一上中學就加入「劍道部」，原因很簡單：負責劍道部的鈴木老師是外表嚴肅、笑容可愛的二十六歲帥哥，加入劍道部就能多看他一眼。當時還傻乎乎地覺得女生會劍道很酷，就像溫柔而剛強的「大和撫子」呀……

動機不純且對劍道又毫無瞭解的我，加入社團第一天就後悔了。由於劍道部是傳統的「體育類型」社團，內部活動安排也好，學長姊和學弟妹的關係也好，比文化類型（如文學部、漫畫研究會、演劇部等）嚴厲得多。記得當時的每週安排是：週一週二戶外鍛鍊，週四週五室內練習，週六在學校或附近中學的體育館集訓，有時週日還有比賽。這樣一來，整周的課餘時間都被劍道填滿。鈴木老師動不動喝斥我跑步太慢，很快變成我仇恨的對象。

戶外鍛鍊的主要項目是跑步、伏地起身、腹肌訓練、擺振竹劍等，沒完沒了的兩個小時。室內練習還有點模樣，大家身著白色劍道衣和黑色袴（日語漢字，はかま，和服的一種下裳）。頭上先纏棉布，再戴頭盔。胸部、腰部和手臂的護具一樣不缺，唯獨腳上光溜溜的，寒冬也得赤腳練習。話又說回來，上面這些裝備，對「初心者」來說都是奢侈品，剛入社的新人們只配穿著運動服，練習「摺足」（像滑行般，腳擦地行走）和「氣合」（以充沛的氣勢來大吼），直到腳底破皮、嗓音嘶啞。好不容易熬出頭，可以穿上護具，第一印象居然是「臭」。護具主要由金屬和棉布構成，水洗乾洗都不適合，所以每次使用後一定要放在通風良好的地方吹乾。但中學生的照料通常很馬虎，累積了歷屆前輩的汗水，氣味可想而知。

剛開始加入劍道部的新生有三十多個，男女各一半。沒活動幾次，就有人退出。快到暑假時，一年級的女生只剩五個。到這個份上，我反而決心堅持下來，咬牙絕不落入「掉隊組」。這時成員少了，大家天天一起辛苦鍛鍊，新社員的關係自然密切起來。每次室內練習結束後，我們這些新人要把體育館掃除乾淨，疊好自己的劍道衣與袴。背著竹劍筆直站在門口，向老師前輩們致意後，方可回家。

訓練大約晚上六點結束，大家總是飢腸轆轆。學校位於一條漫長的坡道上，我們氣喘吁吁地爬上坡頂，再走一段平路即可到商店街。在山丘上面，能望見學校周圍綿延的農田和山地，我們都說這不像東京而更像鄉下，但那裏看到的夕陽總是特別美麗。記得在那幾年，《魔女宅急便》、《龍貓》等動畫很流行，梳辮子的劍道部同學富美子是「吉卜力」的粉絲，喜歡帶著我們邊走邊唱《天空之城》主題曲。快走到商店街時，我們會有默契地停下腳步，把竹劍放到一旁，兩個人負責看護，剩下的人去肉店買可樂餅。這樣一來，哪怕是被人看到「買食」（※注）現場，至少不會認出我們是劍道部的。

雖然現在大超市當道，但長期以來「可樂餅要去肉店買」是日本民衆的共識。一天的生意做下來，肉店難免有賣不掉的肉。店家就把它們絞成肉餡，與煮好的馬鈴薯拌勻成型，沾上蛋汁和麵包粉後用豬油炸。可樂餅有牛肉餡和豬肉餡兩種，馬鈴薯和油脂的組合很適合青春期的學生，何況價格實惠，一個才六十日圓。一般可樂餅是沾著醬汁吃，但剛炸起鍋，由肉店阿姨包入紙袋的可樂餅，直接吃就很香。

可樂餅不算什麼高雅飲食，我們是避開眾人的目光，在公園裏吃的。五個女孩——愛說笑話的美少女小香，浪漫俏皮的富美子，溫柔安靜的優子，平時動作慢、劍道卻進步神速的佳乃子，還有我，站在空蕩蕩的公園裏邊吃邊聊。和家人的矛盾、學業的問題、性格的缺點，青春期也常讓人喘不過氣。但在一天的學習和鍛鍊後，大家說出各自的心事，那些壓力自然就消失在黃昏中。吃完可樂餅後，大家調整心情，各自回家。

初三那年的夏天，大家因爲升學考試就在眼前了，陸續離開社團。剛好那年夏天全家搬離東京，從此與劍道部的朋友就斷了聯繫。兩年多的劍道訓練，留給我的是適合長跑的肺活量和呼吸法，還有嘶啞的嗓音。

之後，劍道幾乎完全從我的生活消失。升上高中後，我喜歡上羽毛球，上大學後繼續拿著球拍在體育館跑來跑去。大學期間我在成都留學，畢業後回國，並沒有找正式的工作，而是在東京邊打工邊尋找再赴中國的機會。有一天，我獨自在日式連鎖餐廳「大戶屋」吃午餐，鄰桌的女孩瞄了我好幾次。我一看，就知道她是劍道部的同學，那位愛唱《天空之城》的富美子。多年不見，她已成為身材苗條、面容姣好的女性，細看還帶有奧黛麗・赫本的優雅。這樣的年輕女性當然不會獨自用餐，對面就有兩個男生搶著和她說話。我沒有跟她打招呼，她的目光也迅速移開。我吃完飯後抱起摩托車安全帽，默默離開。

我摩挲著舊竹劍想起這些，那天沒招呼富美子也許是對的。這樣，在夕陽下唱歌的富美子、並肩吃可樂餅的女孩們的笑聲，更完美地留在我心裏。「別碰壞電燈喲！」母親見我拿著竹劍發呆，著急地提醒我。我把竹劍輕輕放回櫥櫃，關上了門。

※注：日本常見校規之一是「不准買食」。小孩自己拿錢在路上買東西吃，日語叫做「買食」（買い食い），一般小學和中學都會明令禁止。一是因為上學是為了學習，不應該帶無關的東西；二是因為容易造成借貸、丟失、偷竊等問題。

所需時間　60 分鐘
分量　2 人份晚餐＋ 1 人份便當

可樂餅材料：

馬鈴薯　2-3 顆（品種不拘）
洋蔥　半顆
豬肉餡　1 小碗（約 150 克）
麵粉　1 小碗
雞蛋　1-2 顆
麵包粉　2 小碗
鹽、黑胡椒、醬油　各少許
植物油　油炸用，約 200 毫升
醬汁　按個人口味，少許

配菜材料：

高麗菜　2-3 片
胡蘿蔔　1 小段
玉米粒　罐頭、2 湯匙
白醋、白糖、鹽、美乃滋　各適量

可樂餅的主要材料是馬鈴薯、肉末和麵包粉，做法也不複雜，只是成型的過程有點麻煩。其實成型、裹上外皮後的可樂餅（油炸前）可以冷凍保存。做可樂餅時可以做多一些，多餘的冷凍起來，隨時可拿出來用平底鍋炸或煎。

製作步驟

1 準備馬鈴薯泥：

在鍋裏放充分的水並放入清洗後的帶皮馬鈴薯，開大火加熱。此時不建議馬鈴薯切塊，而儘量把整個馬鈴薯加熱，以免煮好後的馬鈴薯水分過多並影響可樂餅口感。用筷子插入馬鈴薯，若容易插入即可關火並從鍋中將馬鈴薯取出，趁熱剝皮並將馬鈴薯搗成泥狀。

2 炒洋蔥、肉餡：

把洋蔥切碎，平底鍋裏熱油，開小火慢慢翻炒洋蔥。洋蔥變黃金色後，加肉餡、少許鹽和黑胡椒，繼續翻炒。肉餡熟透後加馬鈴薯泥和少許醬油攪拌、調味。

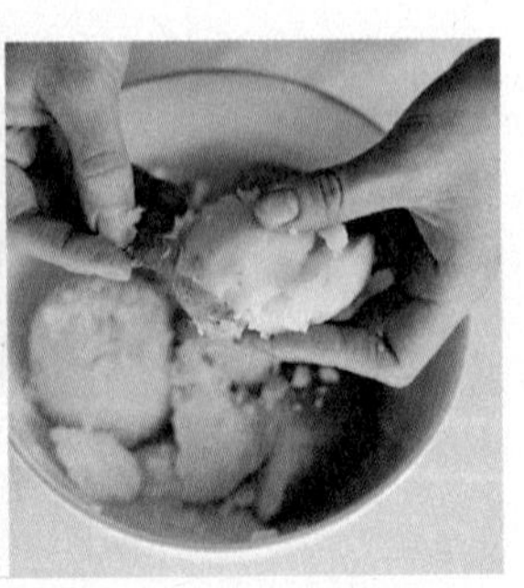

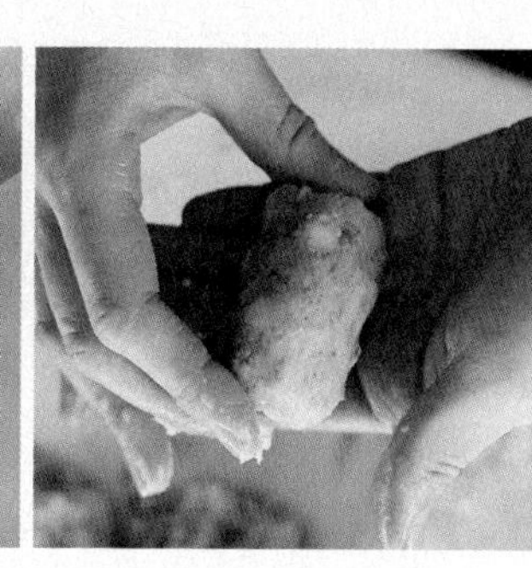

3 成型可樂餅：

經步驟1做好的可樂餅餡用雙手做成餅狀或圓筒型。

4 準備外層：

準備麵粉、蛋汁和麵包粉，按這個順序，裹上外層。第一層麵粉，第二層蛋汁，最外層麵包粉。

5 炸可樂餅：

往平底鍋裏倒入2公分深的植物油並開火加熱。油溫升到180度（把筷子放入油裏氣泡浮起，則是油溫大約爲180度）時輕輕放入可樂餅炸。油炸時間大約1分鐘，外層變黃金色，帶有脆感即可。食用前，按個人口味上面撒點醬汁。

6 做配菜：

高麗菜和胡蘿蔔洗淨後切絲，與白醋（1湯匙）、白糖（半湯匙）和少許鹽攪拌，先放20分鐘。擠乾水分，再用美乃滋、鹽和黑胡椒調味。按個人口味，最後加罐頭玉米粒。

可樂餅在日本

若大家想在日本解決飢餓感，最划算的應該是可樂餅。遇到超市的「炸物」特價日，可樂餅、炸蝦都是五十日圓。

過去商店街裏的肉鋪會賣可樂餅，但現在商店街慢慢消失，個人開的肉鋪也沒有過去多了。現在要買可樂餅可以去超市。有時候會遇到剛炸好的可樂餅擺在超市「惣菜」（そうざい，熟食／家常菜）區，恨不得馬上咬一口。一般可樂餅有兩三種，馬鈴薯肉末／蟹肉奶油／馬鈴薯玉米等，還會有炸蝦，用兩片火腿併在一起，裏上外皮並炸製的炸火腿。「惣菜」角落會有免費的小包醬汁，若家裏沒有醬汁或打算在外面吃（做成便當），別忘了拿這小包醬汁！

可樂餅除了淋醬汁單獨吃，還有各種食用方式。大學食堂會有可樂餅咖哩，就是咖哩飯上放一個可樂餅，是頗受青春期男生喜愛的。若是電車月臺上，站著吃的「立食」麵店會提供可樂餅蕎麥麵或烏龍麵，這是熱乎乎的湯麵上也放了一塊可樂餅，想快速充飢時很管用。有的漢堡店會有可樂餅漢堡，是一般漢堡的肉餅部分以可樂餅代替，若搭配汽水，就很能給人飽足感。

做可樂餅有時難免會有多做、吃不完的幾個。若是這樣，我建議大家做成可樂餅蓋飯。在小鍋裏放少量料酒、白糖和醬油，按個人口味放鰹魚粉。調料煮開後放入可樂餅，馬上倒入蛋汁，蛋汁凝固後蓋在熱乎乎的白飯上吃。可樂餅的外皮吸收了調味汁，比起剛炸好的可樂餅，另有獨特的風味。

名古屋風味雞翅便當

去名古屋看電影

我第一次到中國大陸是一九九六年，那時獲得獎學金，開始在成都學中文。一九九七年回到日本的大學繼續念書。我在大學期間一直處於「迷失」狀態，特別是從中國回來後。自己特別喜歡中國的風土、文化和人，但當時沒有很多機會去中國工作（和現在大不一樣……）。回到東京後，我一直爲畢業後的選擇鬱悶：「本國就業」還是「跳到海外」（特別是中國）？

有一天在澀谷徘徊時拿到一張海報，介紹了即將上映的電影《讓你瘋狂》（狂わせたいの，導演是石橋義正）。影片的內容很瘋狂，跳舞、虐待、色情、暴力和七〇年代的流行音樂。現在這部電影的ＤＶＤ不是很好找，看來既不叫座也不叫好。但當時的我不知爲何被吸引，決定去看。哪怕這部電影只在名古屋上映，哪怕上映檔期只有一天。

從東京到名古屋，我是搭普通電車去的。沒有「特別急行」或新幹線那麼快，但車票比較便宜。路程將近四百公里，換了三、四次車，花了六個多小時才到名古屋站。進去小劇場後看到的電影，我只有很零碎的印象：山本琳達（櫻桃小丸子喜歡的七〇年代流行歌手，「烏拉拉烏拉拉烏拉拉」的那位）的歌聲，被繩子綁起來的女性，喝醉的女性計程車司機和被她欺負的男性，在居酒屋被強暴的服務員……還記得上映後的交流會上，導演石橋義正介紹說，幾場戲的背景是他自己用油漆上色的，其他劇組成員都不願意在休息的日子出來做這些。他覺得導演就是很孤獨的工作。石橋當然是開玩笑的，但我當時還是想像出獨自漆著油漆的男性背影。自己從中感到一種安慰，當時的我多麼孤獨。

看完電影就該回東京了。利用上車前的兩個小時，我在劇場附近匆忙吃了「手羽先唐揚」。名古屋有一個特產，就是日本三大地雞（土雞）之一的「名古屋交趾雞」。名古屋的「手羽先唐揚」是用這種雞的雞翅做的，濃郁的香氣和黑胡椒的刺激讓人停不下筷子。接下來我在一個小小的「錢湯」（公共浴場）裏洗了個澡。看到浴場牆壁和塑膠桶上的廣告和東京的完全不一樣，更感覺自己身處在很遙遠的地方。

這是十五年前的事，之後我就沒有機會去名古屋了。不過後來在公寓的公共廚房裏遇到名古屋人，他善於做黑胡椒雞翅，這裏介紹的雞翅做法就是他教的。重點是先把雞翅煎一下，調味後放黑胡椒，放多一點。

每當做名古屋雞翅時，我的心裏還是有點不好受。因爲會回想到當時的場景：年輕的熱情和體力不知道該擺放在什麼地方，只能突然跑去陌生的城市，看一部瘋狂的電影，之後回到一個人住的小房間裏。

所需時間　50 分鐘
分量　2 人份

雞翅材料：

雞翅　10-12 隻
白糖　2-3 湯匙（或用黃糖）
醬油　2 湯匙
生薑　1 塊
大蒜　2-3 瓣
料酒、黑胡椒　各適量

其他材料：

四季豆　1 把
香菇　3-4 朵
胡蘿蔔　半根
白醋（或檸檬汁）　少許
白芝麻、鹽、白胡椒、橄欖油
　各適量

名古屋最有名的雞翅是「唐揚」，也就是油炸後用鹽和胡椒調味的雞翅。這裏介紹名古屋好友傳授的做法，類似中國的紅燒，關鍵點是最後放的黑胡椒。這道菜可以冰箱保存 1-2 天，醬汁冷卻後變得像果凍一樣，堪稱富有膠原蛋白的美容餐！

製作步驟

1 處理雞翅：
縱向沿著雞翅的骨骼切一刀，翻面在雞皮上再輕輕劃幾刀。處理過的雞翅與蒜泥、生薑絲和料酒拌勻，使之入味。

2 煎雞翅：
縱向開中火，首先把雞皮面朝下煎烤。因雞皮油多，此時並不需另外加油。

3 調味雞翅：
雞皮烤到金黃色後翻面，先放糖和少許料酒，入味後再加醬油。關火前放黑胡椒粉。

4 做配菜：

做好雞翅後的平底鍋不用洗，直接做配菜。取四季豆中段，香菇切片。將四季豆在平底鍋裏油煎，再放香菇，最後用醬油調味。

5 做胡蘿蔔沙拉：

用刨絲器削擦胡蘿蔔，之後用鹽、少量白醋（或檸檬汁）、芝麻調味胡蘿蔔絲。按個人口味可以加些橄欖油和白芝麻。

便當黃金比率3：2：1

便當並不是高檔或特別的東西，只是把自己平時吃的放在盒子裏而已。知道便當盒裏的「分割率」就好。以下是出於健康、營養考量的便當比例，請參考。

1．裝什麼東西好：

便當的主要「成分」爲主食、主菜和配菜。
主食就是米飯、麵、麵包類，約占便當盒容積的一半。
主菜是爲了攝取蛋白質、油脂，一般是肉類或魚類，約占便當盒容積的三分之一。
配菜是爲了補充維生素、纖維素等，或爲了添加更多的口味而加。一般是蔬菜類，也可以放些水果。
這樣一來，主食、主菜、配菜的容積比率爲３：２：１。可以說是便當的「黃金」比率，按照這個比率來裝盒，便當的營養分配自然均衡。

2．蓋上盒子前，先查一下：

裝好飯菜、蓋上盒子前請再次檢查一下：飯或菜之間是否有空隙？顏色是否太單一？
若有空隙，通勤路上便當盒裏的飯菜會晃動，打開便當盒時會不太美觀。若看到空隙，儘量利用配菜或冰箱裏的「常備菜」（如鹹菜、泡菜等）填空。
顏色多些，等於是營養豐富些。若覺得所做便當的顏色單一，請儘量加點別種顏色的菜。
紅色：小番茄、胡蘿蔔、甜椒、蝦、鮭魚、梅乾等。

綠色：青椒、綠花椰菜、菠菜、小黃瓜、四季豆等。
黃色：玉米、雞蛋、南瓜、地瓜等。
黑色：黑芝麻、海苔、海藻類、黑木耳等。
白色：米飯、麵條、麵包、花椰菜、蘿蔔等。
茶色：魚肉類、菌菇等。

實在沒有東西能添加顏色時，我會用矽膠製容器（有多種顏色）或彩色「水果扦」。雖然營養、口味上沒能起作用，但顏色多些，吃飯時的感覺好一點。

冬日

玉子燒
便當

江戸名物「玉子焼」

日式便當裏不可缺的是「玉子焼」（Tamago-yaki）。這是一道營養豐富、香甜綿軟、老少皆宜的雞蛋料理。玉子焼在配色考慮上也很重要，它的金黃色澤讓整個便當顯得更漂亮。玉子燒的基本材料是雞蛋（日語稱「玉子」）、糖和鹽。食材簡單，匆忙的早晨也能做出來。

江戶時代已有以玉子燒著稱的老店，如王子一帶（現東京都北區）的「扇屋」。該店創始於一六四八年，是聞名江戶的氣派「料亭」。所謂「料亭」，就是日式高級餐廳。除了提供精緻的日本料理外，使用的餐具，房屋的構造和裝修也格外用心。當然，更少不了擅長歌舞和三味線的迷人藝妓。與別家料亭不同的是，扇屋首創料理外帶服務，而當時的人氣外賣就是玉子燒。

明治時代初期的料亭「扇屋」。
© 長崎大學附屬圖書館

至今扇屋還在東京原址繼續經營，但幾年前停止了現場內用服務，只留下外帶玉子燒。據史書記載，王子一帶確實曾有不少狐狸。時至今日，這裏早已是車水馬龍，很難想像先前有過草地和狐狸。江戶時代在王子鱗次櫛比的料亭也紛紛關張（歇業），只剩下扇屋的外帶玉子燒。

有一年的晚秋回國辦事，忙裏偷閒去了東京都北區的王子。王子車站出來沒幾步就有一條散步道，沿著石神井川（舊名音無川）的小路。身著深色西服的上班族，駐足欣賞紅葉的老夫妻，推著嬰兒車的年輕母親……在冬天清冽的空氣裏，大家沐浴在溫暖陽光中。

離開步道，走進邊上的小路。便利商店、鰻魚燒店、房屋仲介、上海料理店……一家生活雜貨店的人氣挺旺，老人家選這選那買，我也圖便宜買了暖暖包。「扇屋」就在這條步道的路口，緊挨石神井川。兩百多年前，這裏的料亭鱗次櫛比，如今取而代之的是居酒屋、中餐館、韓國餐館和網咖。某棟雜居水泥樓一層外的木造小屋，這就是「扇屋」現狀。這家百年老店幾年前關門，目前只外賣玉子燒。「中午開賣，年中無休」，小屋窗口貼著手寫的一張紙，時間還沒到，但隊伍已經排出十多米。

沒多久，匆匆忙忙出來一位店主模樣的男性，七十多歲，面目清秀，手裏抱著一堆包好的玉子燒。「我要禮盒裝的一個」，「我要普通裝的兩盒」……前面的隊伍熱鬧起來，我開始擔心是否要預約，問起旁邊的中年女性，她說運氣不好的話，確實會排不到。趕上年末，就非預訂不可了。隊伍排到一半下起小雨，好不容易才買到玉子燒。當我接過來時，玉子燒還是溫熱的，分量實在，估計至少用了五、六顆雞蛋。店主一邊找零，一邊問我有沒有帶傘。

我說沒關係，反正到車站只有幾步路。

回到家中，打開餐盒，將玉子燒切塊。從冰箱取出蘿蔔做蘿蔔泥，裝盤後放少許醬油。玉子燒味道偏甜，蛋汁裏應該加了高湯，味道香濃。蘿蔔的微辣清冷，醬油的鮮鹹，都和玉子燒很搭。晚餐時刻與家人分享，母親喜歡直接吃，父親喜歡蘿蔔泥、醬油、辣椒粉的組合。可能有人會納悶：這不就是炒蛋，有必要去排隊買嗎？玉子燒的做法確實和炒蛋一樣很簡單，但至少我每次做玉子燒的結果都不一樣，因爲很簡單，就很難控制結果。該店的玉子燒確實有專業人士做出來的味道，我在外用餐時常常會點玉子燒，但是都不如王子「扇屋」。

三百年持續做玉子燒不容易，但若那位店主的繼承人沒了怎麼辦？第二天早上，用剩下的玉子燒做便當，三百年歷史的玉子燒就這樣吃完了。玉子燒的淡淡甜味，就讓我感覺到傳統手藝的存在感以及它的脆弱。

所需時間　45 分鐘

玉子燒材料：

雞蛋　2 顆
白糖　半湯匙
料酒　半湯匙
鹽　少許

羊栖菜煮物材料：

（4 人份。可以在冰箱保存放 2-3 天）

羊栖菜　10-20 克
乾香菇　7-8 朵
胡蘿蔔　半根
油豆腐　適量
糖　2 湯匙
料酒　1 湯匙
醬油　1 湯匙

配菜材料：

胡蘿蔔　小塊
豌豆仁　適量
美乃滋、黑胡椒　適量

製作步驟

1 羊栖菜：

羊栖菜先浸水洗一洗，再用溫水泡一會兒。

2 其他材料：

乾香菇泡溫水後切絲，泡過乾香菇的溫水留下備用。油豆腐切小塊，胡蘿蔔切片。

3 做羊栖菜：

平底鍋裏加熱植物油，胡蘿蔔、油豆腐和香菇下鍋炒2分鐘，放入羊栖菜和糖再炒1分鐘。倒入料酒和剛才泡乾香菇的溫水，煮剩三分之一湯汁時加醬油調味。按個人口味，放少許高湯顆粒（鰹魚粉）。

做玉子燒，在日本一般會使用玉子燒專用方鍋。價格按尺寸和材質有所不同，約六百到三千日圓。小的方鍋適合做便當用的小型玉子燒。不過做玉子燒，不一定要用方鍋，圓形的平底鍋也可。

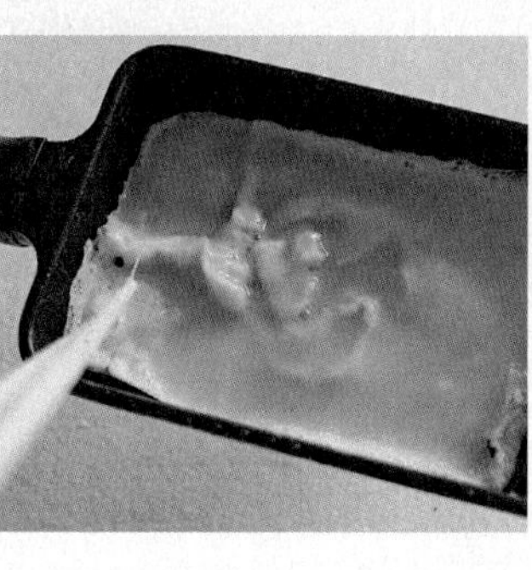
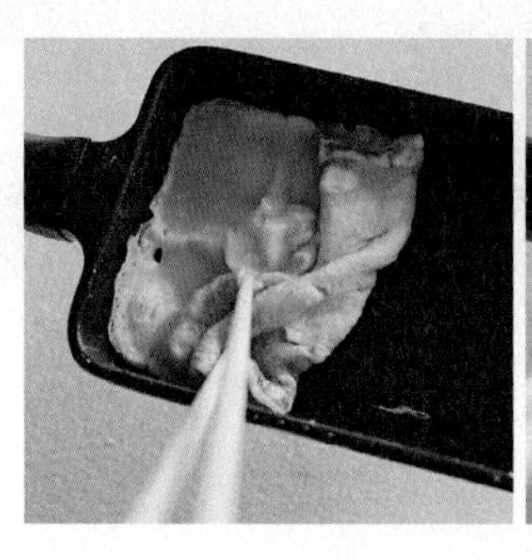

4 做玉子燒（1）：

在蛋汁中放入糖、鹽和料酒打勻。開中火，倒油入鍋加熱，再倒入三分之一蛋汁。若蛋皮起泡，可以用筷子輕輕刺破，儘量保持蛋皮平整。

5 做玉子燒（2）：

蛋汁上層開始凝結後，從方鍋朝外的一頭將蛋皮摺回三分之一，再摺三分之一，成型小小的玉子燒。

6 做玉子燒（3）：

往空出的部分加些蛋汁後繼續加熱。這時要輕晃鍋子，在做好的小塊蛋皮下面也要加蛋汁。蛋汁上層開始凝結後，以小塊蛋皮為中心做成大一點的玉子燒。將剩下的蛋汁倒入，重複上述動作。

7 做配菜：

往方鍋或平底鍋裏放少許植物油，炒胡蘿蔔絲和豌豆仁。用美乃滋和黑胡椒調味。

羊栖菜是什麼

羊栖菜是一種海藻，一般曬乾了賣。日本人常說「吃羊栖菜的人會長壽」，還說羊栖菜能使頭髮茂密，於是不少擔心禿頭的男性開始大吃羊栖菜（效果待考）。

本章介紹的是最家常的做法。此外，羊栖菜可以做成沙拉和其他涼拌小菜，煮飯時也可以加羊栖菜煮成羊栖菜飯。

羊栖菜的營養何在？它和其他藻類一樣，含有豐富的水溶性植物纖維和礦物質，有助於降低血糖、預防便祕和癌症。羊栖菜很適合女性，因爲它的鈣質和鐵質含量高，富含的鎂有助於紓解壓力。吸收鈣質時需要適量的蛋白質，日式羊栖菜裏放豆製品（如油豆腐），這樣能幫助身體吸收羊栖菜裏的鈣質。

當然世上沒有萬能的長壽食物，羊栖菜也得適量食用。乾羊棲菜五克（浸水後大約三十五克）是比較理想的攝取量，剛好一小碗（比女性用的飯碗再小一點）的分量。

炸豆腐和美女飛刀

大家是何時開始自己做飯的呢？我是上大學時慢慢開始學，但那時只是爲了塡飽肚子，用電鍋煮飯，沖泡即溶味噌湯，隨便炒點蔬菜雞蛋，遠遠沒到端出來給大家享用的水準。

在臺灣工作的幾年，我的烹飪水準一路走低。只因臺北的飯食小吃價廉物美、選擇多，根本不需要自己做飯。那時我是當地約聘人員，待遇不如正式員工。我租的房子沒有像樣的廚房，在家裏頂多煮開水喝茶，但也沒覺得不方便。

再過幾年，我成爲正式員工，被外派到菲律賓。在馬尼拉，公司安排的公寓寬敞整潔，廚房也夠水準。到了週末，公寓樓下會有市集，銷售有機蔬果、手工果醬、香草等等。社區附近還有一家日本食品店，這樣的環境不做菜就太可惜了。

公司有一位日本男同事，他的菲律賓女友想學日本菜，於是找到我這邊。我一邊答應，一邊感到忐忑不安。因爲這位同事跟我提過，女友一生氣就會扔東西，有一回居然亮出菜刀。之後遇到兩人吵架，日本大男人會先飛奔進廚房，把菜刀藏好。

到了週末，他帶了女友 Flora 過來。那是我至今見過的最美的人，從各個角度看都堪稱完美，連女性都要爲之傾倒。這樣的人間尤物，哪怕偶爾會拿出菜刀，也絕對值得男性寵愛。Flora 個性很開朗，用一口流利的英文和我聊個不停。

——你們怎麼認識的呀？

——在酒吧，我之前就在酒吧當服務員。

——哦，你那麼漂亮，肯定很有人氣！

——呵呵，所以他現在不讓我上班。

——其實你不太像菲律賓人。

——我家有華人血統。

——是哦，我會講中文哦，你會不會？

這樣聊了一會兒，我們進廚房開始做日本菜——炸豆腐。

我選了炸豆腐，是因為材料簡單。從日本食品店買回豆腐，再用家裏的醬油、糖、料酒和柴魚片做出調味汁就行。菲律賓當地吃豆腐料理的機會不多，早上會有小販叫賣「Taho」（熱豆花上加粉圓和糖漿），但真正的豆腐還比較少見。我琢磨著今天給 Flora 一點新鮮感。

打開從日本食品店買來的真空包裝豆腐，先放在笸籮裏瀝乾。控水後的豆腐切塊，輕輕敷上一層太白粉，接著就能下油鍋。可惜 Flora 對這道料理的興趣不大，全程幾乎由我一人操作，美女主要在一旁和我聊天。我問 Flora 要不要試試動手炸豆腐，但她身穿無袖連衣裙，怕被燙傷。我本來還要教她做調味汁，但看她興趣不大，就改成日式麵條用的濃縮鰹魚味調味汁，用常溫開水稀釋後做澆汁。反正這種調味汁是可以通用的。

記憶猶新的是，那天 Flora 帶來一條活鯰魚，說要給我們煮湯喝。「拿刀來！」Flora 吩咐道，我小心翼翼遞刀上去。「嗵！嗵！嗵！嗵！」纖瘦美人不知哪兒來這麼大的力氣，手起刀落就把鯰魚斬成小塊，豪爽地放入滾水。

「哇哦……」我一時無語，忍住不去看男同事的表情。等鯰魚湯熬得差不多，我們把剩下的豆腐塊汆進湯鍋，跨國合作的午餐就做好了。

後來，男同事辭職回國，苦學英文後，成為知名歐美媒體的經濟記者。他在郵件裏曬幸福，說準備把 Flora 接去日本結婚。不知南國佳人還記不記得我和炸豆腐？

製作步驟

1 控去豆腐的水分：

豆腐提前半小時放進笸籮，控去水分。

2 切材料，裹上太白粉：

將豆腐切成2-3公分見方的小塊。蓮藕削皮後切0.5公分厚度的薄片。將豆腐塊和藕片輕輕裹上一層太白粉。

3 炸豆腐和藕片：

往平底鍋倒入1公分深的植物油，置中火加熱，放入豆腐塊炸。適時用筷子翻動豆腐塊，以使受熱均勻。

所需時間　50分鐘

炸豆腐材料：

豆腐　1人份，約半塊。最好用水分較少的板豆腐
蓮藕　1小段
太白粉　1小碗
植物油　適量
白糖　半湯匙
料酒　半湯匙
醬油　少許
鰹魚粉、海苔絲　按個人口味，各少許

配菜材料：

青椒　1顆
小魚乾　1湯匙
植物油　適量
紅心蘿蔔　1小塊
橄欖油、鹽　適量

炸豆腐一般沾鰹魚味醬汁吃，不過這次是放在便當裡面的炸豆腐，因此製作方式稍微調整，炸了豆腐後往鍋裏直接放調味料，食用時不需再沾調味汁。按個人口味，可以撒點七味粉。

4 調味：
豆腐塊變成金黃色後，鍋裏放白糖、料酒和醬油。按個人口味再放少許鰹魚粉。調味均勻後關火。

5 炒青椒：
小魚乾在小碗裏輕輕水洗，去除腥味後控水。青椒洗淨後切絲，平底鍋預熱，與少許植物油炒30秒。再放小魚乾繼續炒，最後用料酒和鹽調味。

6 做涼拌菜：
紅心蘿蔔削皮後切小片，加鹽後放置15分鐘。擠乾水分，拌入橄欖油，用鹽調味。

冰箱裏的常備菜

做便當時，便當盒常會空出一塊。主菜配菜都裝好了，飯也夠分量。這時候，若冰箱裏有一道「常備菜」就好辦了。不但能填補空缺，營養和顏色也更豐富。

這次介紹的「花生小魚乾」其實並非純粹的日本料理，是我在臺灣時，客家朋友請我吃過類似的料理，還有聽說在韓國也會吃同樣的小菜。這個小菜容易做，可以放冰箱冷藏幾天沒問題，除了當做便當菜以外，和生菜一起做成沙拉，或拌入米飯做成飯糰都可以。若家裏多買了小魚乾，不妨做一做這道常備菜。

花生小魚乾材料：

生花生　小碗半碗，花生皮的營養豐富，建議不去皮
丁香小魚乾　小碗半碗
大蔥　半根，切碎
白糖　半湯匙
薑末、蒜泥、植物油、麻油、鹽　各少許
乾辣椒　適量

製作步驟：

1　烘焙花生：在平底鍋裏倒入花生，無需倒油，開小火烘熱。花生烘熟後放入小碗裏備用。

2　處理小魚乾：小魚乾先在水裏泡2分鐘，去除腥味和多餘的鹽分，再控去水分。平底鍋裏倒入植物油，油煎小魚乾。小魚乾煎熟後放入小碗裏備用。

3　調味：鍋裏的油倒掉，放入花生和小魚乾，再加大蔥、薑末、蒜泥、白糖、乾辣椒翻炒2分鐘。最後用鹽和麻油調味。

這道小菜很下飯，我有時候單靠它和米飯就能解決一頓午餐，一不小心還會多吃半碗飯！

日式油豆腐
便當

沿街叫賣的「豆腐屋桑」

小時候每到傍晚時分，會傳來豆腐外賣車的小喇叭聲。母親便說「豆腐屋桑」（toofu-ya-san，賣豆腐的人）來啦！一邊把我叫過。我手裏緊握著六十日圓硬幣和空鍋子，跑去外面找賣豆腐店的小貨車。母親會事先囑咐是「木棉豆腐」還是「絹豆腐」，前者的味道濃厚、口感粗些，後者味道清淡、細嫩。但我每次一出門就會忘記，跑到豆腐店麵包車前懊惱許久（也讓豆腐店大叔等我很久），勉強說出「木棉」（momen）或「絹」（kinu）。回來發現買錯了，免不了被母親數落幾句。

如今，我常常看到賣「油豆腐」的攤子，常常就會想起當年的豆腐店青年。小時候我買完豆腐，那位青年常會給我一點「贈品」，幾塊「雁擬」（油炸豆腐）或小塊「油揚」（油炸豆腐皮）。晚上用餐時，桌上擺出加了豆腐皮的味噌湯或用油炸豆腐的燴煮料理，我心裏會有小小的成就感。

至於讓我懊惱的「木棉」和「絹」，在日本的一般製作法是不一樣的。夏天做涼拌豆腐或豆腐沙拉，多半使用「絹豆腐」。而「木棉豆腐」的口感有點像板豆腐，適合烤、炒、煮、炸等烹飪法。所以若我把「木棉」和「絹」搞混，母親還得把晚餐食譜改一改。雖然對一個小孩來說就是一塊豆腐，但母親不高興也有理由的。

現在日本沿街叫賣豆腐的小販不多了，我回國時在父母家吃的豆腐也都是從超市買來的。不過每次在菜市場看到豆製品攤子，我會想起在「木棉」和「絹」之間苦惱的自己，用幾塊油炸豆腐來鼓勵我的青年，還有他那迴盪在黃昏時分的喇叭聲。

我小時候並不喜歡吃豆製品，覺得還是吃肉比較香。升入高中後，慢慢可以欣賞豆腐的清淡。豆腐低脂、低熱，富含高品質大豆蛋白、亞麻油酸、維生素B1、維生素E等，因此可成爲肉類的健康替代品。在便當裏也可以偶爾利用它來提高營養品質。

所需時間　40 分鐘
分量　2 人份

油豆腐煮物材料：

油豆腐　1 人份（約 7-8 個）
胡蘿蔔　半根
乾香菇（或鮮香菇）　約 5 朵
黃糖　2 湯匙
醬油、料酒　各少許

紅豆飯材料：

生米　2 人份，或可混些糯米，口感更佳
紅豆　一把

配菜：

雞蛋　2 顆
油菜　2 顆
蝦皮　少許
白糖、鹽、油、白胡椒　各適量

「煮物」是日本的燴煮做法，蔬菜和豆腐或肉片一起煮一煮，用白糖、醬油、料酒等調味。中國的油豆腐口感與日本的油炸豆腐皮很像，所以這次「煮物」就用油豆腐，再加幾種自己喜歡的蔬菜即可，不需要特意去日本食品店買材料。

製作步驟：

1 煮紅豆飯：
紅豆浸泡三個小時以上。之後在洗好米煮飯時加入少許紅豆，以一般方式烹煮。

2 切油豆腐煮物材料：
將胡蘿蔔切小塊，乾香菇泡開後切一半。小鍋裏煮開水，放入油豆腐過水，以去除多餘的油味。

3 做油豆腐煮物：
開中火，用料酒、糖和生薑煮蔬菜。半熟時放入油豆腐，等材料都煮透後放醬油調味。

4 做蛋捲：

打蛋汁，加半勺白糖和少許鹽。開中火，在平底鍋裏燒油，加蛋汁做蛋皮。蛋皮上層稍微乾的時候從三方把蛋皮捲起，做成蛋皮包。

5 炒青菜：

油菜洗好，切小塊後，加蝦皮炒。再用鹽和白胡椒調味。

什麼是「日本豆腐」？

我在中國超市裏第一次看到「日本豆腐」的包裝時，覺得非常好奇，因爲這種名稱在日本從未見過。這是一管充塡式的黃色豆腐，買回來後發現這就是日本的「玉子豆腐」（台灣稱爲蛋豆腐）。日文「玉子」（tamago）指的是雞蛋，而「玉子豆腐」是用雞蛋做的菜，其實成分不含黃豆，但因爲口感有些像豆腐，在日本超市裏也被歸於「豆腐」類。日本人吃的「玉子豆腐」一般是冷的，較少放入湯或火鍋裏。

中國的豆製品種類非常多，日本在八世紀派使節團到中國時學會了豆腐的製作，之後在日本也普及了各種豆腐的做法和烹飪方式。現在，在中國吃的豆腐和在日本吃的非常像，但還是有些不同，在此介紹一下幾種「日本豆腐」：

1 高野豆腐（こうやどうふ）：脫水凍豆腐。日本佛教徒傳統的素食料理中常見的材料，也是高營養的防腐保存食品。高野豆腐的「高野」取自日本的佛教地：和歌山縣的高野山。

2 おから（Okara）：豆腐渣。豆腐製作過程中豆奶裏過濾下來的。除了可以炒製外，也可作爲餅乾、起司蛋糕的原料。

3 雁擬（がんもどき）：油炸豆腐。擰乾水分後的豆腐裏，加胡蘿蔔、牛蒡、香菇、海帶等材料後，捏成圓形油炸。因其味道似雁肉而得名。「雁擬」是日本東部的叫法，大阪等日本西部稱之爲「飛龍頭」（hiryouzu）。

4 油揚（あぶらめげ）：即油炸豆腐皮，薄片狀塊。

5 燒豆腐（焼き豆腐）：兩面燒烤的木棉豆腐。

大家若有機會去日本，歡迎品嘗豆腐從大陸傳到日本，而在日本進化的成果。

「受驗生」的消夜，烤飯糰

我在女子高中的日子頗爲逍遙，但猴子般自由的生活到了高二就要結束了。「受驗生」的大帽子已經扣到頭上。日語「受驗」（じゅけん）指的是應考，「受驗生」就是考生。如今的考生估計比二十年前稍微輕鬆點。在少子化嚴重的日本，大學招生總數已超過考生數，理論上考生總會被某所大學錄取。在我的「大學受驗生」時代，競爭還蠻激烈的。不少名校的競爭率超過一比二十。若是落榜，當一兩年重考「浪人」的年輕人也有的是。

「好恐怖，明年這時候就要考大學了。」高二某一個冬日下午，同路好友順子自言自語道。※「嗯……」我也不敢相信自己會當「大學受驗生」。眼前浮現出小時候看的電視劇：高三生要考東京大學，額頭綁上白色布帶，上面寫著「必勝！東大！」。

「還好吧，我哥哥幾年前考大學，看起來蠻輕鬆的。」另一位朋友雅子笑咪咪地說道。她是我們班裏的人氣開心果，什麼時候都笑嘻嘻的，也很會逗大家開心。家中只有妹妹的我很羨慕雅子，覺得哥哥一定會關心照顧妹妹。雅子卻哈哈大笑道：「哥哥沒什麼好的，好吵、好煩、好笨，也不會打掃房間，眞是個麻煩！」

雅子接著說起哥哥考大學那年的故事。有一天晚上下雨，特別冷，哥哥在屋裏把鐵質垃圾桶當烤火爐用，燒起廢紙取暖。沒多久垃圾桶開始發燙，木質地板也冒起青煙。慌亂中哥哥把垃圾桶扔出窗外，結果大半夜被父親叫去打掃院子。早上雅子去看哥哥的房間，發現地板上留下垃圾桶燙出的圓形烙印。「你看我哥哥就是這樣，沒頭腦也考上了大學呀。別擔心，我們都過得去。」雅子詼諧的語氣讓我們輕鬆了不少。

我的「受驗生」生活基本上由「學習＋漫畫＋消夜」構成。讀書讀累了，就看向同學借的漫畫，最後看漫畫的時間比讀書時間還長。熬夜的時候總會肚子餓，大概十點多，母親會在睡前爲我做消夜。記得有半份泡麵、小塊麵包＋牛奶咖啡、水果果凍＋奶茶，我最喜歡的是烤飯糰。

烤飯糰的基本材料就是白飯和醬油。用白飯做出飯糰後（不用加梅乾），在烤網或平底鍋上一邊烤，一邊用小刷子輕輕刷上醬油，微焦的醬油香味更能刺激食欲。我在樓上房間裏「學習」，聞到醬油的焦味就知道母親在做烤飯糰，於是把漫畫藏起來，打開教科書，裝出認眞學習的樣子。母親端來的碟子裏裝著兩個小型烤飯糰，再配一杯新沏的綠茶，說聲「加油哦，別太累」就輕輕關上門。吃完烤飯糰，我總覺得心虛，就會翻開參考書做幾道題目，緩解一下心中的罪惡感。這樣看來，母親的宵夜還是挺有用的。

就像雅子說的，車到山前必有路。「受驗生」生活也沒想像中那麼恐怖。到了第二年春天，順子、雅子和我都考上大學，順利從女中畢業。現在每到冬天，我會忽然想看漫畫書，這應該是考生時代留下的習慣，而看漫畫的時候最想吃的，就是烤飯糰。

※注：日本大學院校的入學時間一般是四月份，入學考試提前兩三個月，在冬天進行。

所需時間　40 分鐘
分量　2 人份

烤飯糰材料：

米飯　4碗，按個人飯量
調料1　醬油（1湯匙）、白糖（半湯匙）、料酒（半湯匙）
調料2　味噌（1湯匙）、料酒（半湯匙）、白糖（半湯匙）、紫蘇葉（2-3張）、白芝麻（少許）

其他配料：

山藥　1小段
起司片　吐司用的大小，2片
海苔　小片，適量
菜豆　罐頭，1小碗
鷹嘴豆　罐頭，1小碗
紅椒　半顆
白醋、鹽、橄欖油、白胡椒　各少許

烤飯糰做法看起來很簡單，但實際操作有些難度，因為烤製和塗上醬料的過程中飯糰容易鬆開，並變成炒飯。為了避免這種悲劇，飯糰要捏緊一點。接下來用平底鍋烤的時候用烘焙油紙（墊紙），或許用烤箱烘烤。先在飯糰上塗上醬油或味噌醬料，之後放入烤箱烤 3-5 分鐘（中間翻面一次）。

製作步驟

1 製作飯糰：
剛煮好的飯放入大容器，撒點鹽後攪拌。用保鮮膜做三角形飯糰。

2 做醬料1：
在小碗裏放入醬油和白糖（或黃糖），攪拌。

3 做醬料2：
在小碗裏放入味噌、料酒和白糖，攪拌。將紫蘇葉洗淨，瀝乾水分。

4 烤飯糰：

在平底鍋裏鋪一層烘焙油紙，置小火放入飯糰。烘大約5分鐘，表面微焦後翻面，再烘3分鐘。若沒有墊紙，在平鍋裏熱少許麻油，直接放入飯糰。用小火烘即可。

5 塗上調味汁：

部分飯糰上用刷子兩面塗上醬油調味汁，繼續烘。剩下飯糰的單面塗上味噌調料，繼續烘。塗上調料後容易燒焦，請注意。

6 製作山藥海苔捲：

山藥削皮，切成0.5公分厚的小片。平底鍋裏放植物油，置中火煎山藥片。正反面各煎2-3分鐘。關火後撒少許鹽。起司片與海苔切成1-2公分寬的小條。先用起司把山藥捲起來，再用海苔條捲。

7 製作豆子沙拉：

打開豆子罐頭，倒掉水分。將紅椒切丁。將豆子和紅椒攪拌，用少許鹽、橄欖油和白醋調味。按個人口味加白胡椒。

烤飯糰的種類

烤飯糰的基本口味有兩種，一是醬油風味，二是味噌風味。不管是醬油或味噌，它們微焦的時候香味更誘人。味噌裏加點料酒和糖，便於刷上飯糰，增加亮度，美味美觀。以下爲其他常見的烤飯糰做法，請試試看！

奶油風味烤飯糰：

白飯裏放些醬油拌一拌，做飯糰（捏緊一些）。置小火，在平底鍋上熱奶油並加熱飯糰即可。奶油容易焦，火力要控制好，烤的時間也得短一些。

糙米烤飯糰：

煮糙米飯，做成飯糰。糙米飯的粘性不高，建議和壽司米混合煮。做成飯糰後最好放冰箱幾個小時，以更加凝固。烤製時用醬油味或味噌味調料皆可，烤糙米飯糰比白米飯糰更香。

蔥末醬烤飯糰：

蔥末醬可以提前做好，做烤飯糰時塗上烤一烤，略燒焦的白飯和蔥末醬是非常搭配的組合。一根大蔥切碎，與少許鹽攪拌。平底鍋裏放蔥末、半杯（約100毫升）麻油和一湯匙白芝麻，開中火翻炒1分鐘。冷卻後放入密封容器，可以冷藏保存一周。

冷凍烤飯糰在日本很普遍，在超市買一包冷凍烤飯糰放冰箱，想吃的時候拿出來用微波爐加熱即可。其實味道也不錯，有時候晚上當宵夜，不知不覺就會吃掉兩三個。

南瓜湯
便當

深夜打工族的消夜湯

從北京的天安門廣場坐地鐵往西，沒多久就能到八角遊樂園，同樣距離從東京新宿坐「中央線」往西，大約三十分鐘後就到「小金井」。那是我大學畢業後所住的第一個地方。自己在大學期間留學成都，愛上了中國，畢業後抱著「重返中國夢」拚命打工，想賺了一點錢馬上去中國工作生活。

那一年同時打了幾份工：收銀員、三明治製作師、餐廳服務生等等。常常是早上去便利店上班，中午去中華料理店，次日上午趕到麵包工廠，中午又去中華料理店，晚上騎摩托車到爵士酒吧當服務生，就過著如此忙碌的日子。

爵士酒吧是在「中央線」的荻窪車站附近。雖說工資不高，但熱愛爵士的大叔老闆很有風格，來的都是住在附近的熟客。我看這份工作好玩又不累，就決定去當服務生。上班時間是晚上八點半到凌晨一點，幫客人點酒水和小食，爵士CD快要播完時準備另一張，這就是我的任務。

下班時已經沒有電車了，這就是我為什麼騎摩托車上下班。冬天騎摩托車很辛苦，寒風透過牛仔褲直刺腿上，吹個半小時就幾乎凍僵。

我當時住的是合租式公寓，氣氛類似學生公寓。大約五十個年輕人各住自己的單間，廚房和浴室是公用的。對二十二歲的單身女性來說，這樣的地方比較合適，即便深夜回家，也總是有人在大客廳看電視。若發生事情，會有人幫忙。總而言之有人就好，看到人影，心裏的寂寞會緩解一些。

爲了讓凍僵的身體緩過來，我就奔去冰箱，拿出貼著「吉井」標籤的保鮮盒用微波爐加熱，貼名字是以免被別人吃掉或扔掉。保鮮盒裏有蔬菜湯，白天做好後先喝一半，晚上再喝另一半。做法很簡單，把冬天當季的南瓜等蔬菜切塊煮湯，充分補充營養和維生素。日本有一句健康口號：「一日三十品目」。意思是一天要吃三十種以上的食物，營養攝取才夠均衡。所以我也給自己一個目標，湯裏至少放五種蔬菜。

熱好的蔬菜湯端到大客廳裏，時間已是凌晨兩點。客廳裏有人，但不多，大家也不說話。在空蕩蕩的屋子裏，一邊喝湯，一邊看深夜電視（過氣搞笑藝人和新出道美女聊天）。喝完熱湯，一天累積的疲勞感總爆發，我迷迷糊糊地洗淨餐具，翻出口袋裏的零錢（投幣洗澡間七分鐘一百日圓），匆匆洗完後就上床睡覺。

這樣的生活聽起來比較灰暗：沒有所屬公司、沒有穩定收入、沒有男友、朋友不多、父母整天擔心嘮叨……但回想起來，當時並不覺得悲哀。專心過好每一天，心裏描繪著模糊的人生藍圖，默默處理各種打工任務，回到家裏喝湯、睡覺。

我後來經臺灣、法國、菲律賓才轉回中國大陸，當初的「中國夢」隔了十年終於實現。不過，「美夢成眞」後也少不了煩心事，這時我會走進廚房，專心把蔬菜洗淨、切塊、放進鍋裏慢慢煮。當清香和暖意浮起，心情總會好一些。邊喝邊回想二十二歲的自己，深夜大客廳裏的她彷彿在鼓勵我：「沒事的，都會好起來。你不就是這樣走過來的嗎？好好喝湯睡覺，新的一天就要開始。」

所需時間　50 分鐘

南瓜湯材料：

南瓜　一大塊（約 1 斤）
洋蔥　半顆
芹菜　2-3 根
蘑菇　4-5 個
培根　適量，約 100 克
生薑　小塊
鹽、植物油　各少許

海苔起司塊材料：

起司　2 片
海苔　適量（壽司用的大片或韓國海苔皆可）

這幾年在日本使用保溫杯的人多起來，若有保溫杯，攜帶今天介紹的蔬菜湯就很方便。蔬菜湯可以前一晚上做好，早上再加熱，裝在保溫杯裏，再帶幾片麵包，多簡單！不過沒有保溫杯也沒關係，放入可微波的密封容器裏後冰凍，早上拿出來直接帶走，中午用微波爐加熱即可。

製作步驟

1 切材料：
洋蔥切碎，蘑菇切片，芹菜切小塊。南瓜去皮後切片。

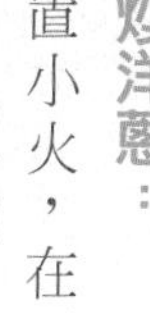

2 炒洋蔥：
置小火，在平底鍋裏炒洋蔥4-5分鐘，之後放入培根和芹菜，繼續翻炒2-3分鐘。按個人口味，可以放入半湯匙咖哩粉。

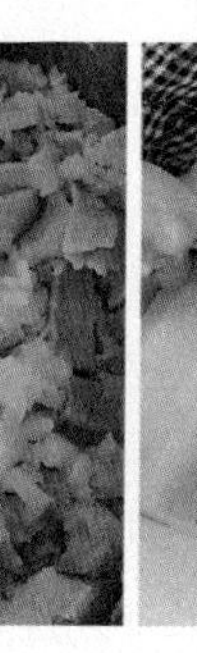

3 加水：
鍋裏放切好的南瓜和2-3杯水。開中火，煮開後調小火，放入薑絲和蘑菇片，再加熱10分鐘。最後放鹽和黑胡椒調味。

4 做海苔起司塊：
起司片切一半，海苔切成跟起司片一樣大小。起司片上放海苔，重複兩次後切塊。用保鮮膜包好即可。

速成熱湯！「味噌丸」

之前在準備簡體字版《冬日便當》電子書時，有個日本老先生便提醒：「介紹冬天的東西，少不了熱乎乎的味噌湯啊。」

於是我在此介紹味噌湯的外帶版本「味噌丸」。做法很簡單，把食材和味噌放一起，用保鮮膜包起來。中午開飯時把湯料放到杯子裏，加入開水即可。

「味噌丸」裏可以放乾裙帶菜、蔥、油豆腐（用開水洗過的）、柴魚片（或高湯顆粒）等，都是開水泡一下就可以喝。「味噌丸」可以晚上做好放冰箱，早上直接帶走就行，非常簡便。

1 事先準備：準備柴魚片（一湯匙）、乾裙帶菜（一撮）、一人份的蔥末和油豆腐絲（用開水清洗後切絲），冬天還可以加些薑絲。

2 把材料與味噌（大約一湯匙）擱在保鮮膜上混合，握成圓形。

3 到中午時，打開保鮮膜，把湯料放入杯子，加開水。速成味噌湯就大功告成！

味噌湯和米飯很搭配。早上做幾個飯糰，帶一個味噌丸，吃簡單的午餐這樣就很夠了。

漢堡肉
便當

母親的「勝利」

「ハンバーグ」（Hanba-gu）英譯「Patty」或「Hamburger steak」，把它夾進圓形麵包中間，就是漢堡了。在日本，這不僅是一道家常菜，也是小學「給食」中最有人氣的菜之一。爲了忙碌的現代人，日本超市售賣各種「加熱即食」的肉餅，可以作爲晚餐的主菜，還能加進第二天的便當裏。

日式肉餅的主要成分爲絞肉。豬肉、牛肉、合挽肉（豬牛肉的混合絞肉）都行，輔料是蛋汁、洋蔥末、麵包粉、鹽、胡椒粉。絞肉與輔料拌勻後，捏成掌心大小的橢圓形，入平底鍋油煎。據說做法源於蒙古人的馬肉餅，十三世紀蒙古大軍攻入歐洲後，這種食物在當地生根。特別在德國漢堡，成爲工人實惠的熱量來源。

這道菜在明治時代傳入日本，當時的人把它叫做「German steak」。之後又進化出各類日式肉餅，在番茄味的濃湯裏煮的「煮込肉餅」；加鋪一層起司的「起司肉餅」；用醬油和蘿蔔泥調味的「和風醬肉餅」；用豆腐做的「豆腐肉餅」等等。在日本，有一些店鋪是專營肉餅生意的。

還有一種人氣做法叫「目玉燒肉餅」。日語「目玉燒」（めだまやき）指的是荷包蛋，蛋白中間的圓形蛋黃，看起來像「目玉」（眼睛），因此得名。「目玉燒肉餅」是在肉餅上面加一枚半熟的荷包蛋，蛋黃和肉汁在味蕾上混合，濃厚的滋味讓你徹底滿足。我大學時有一位男性朋友，學費由父母出，生活費則要靠他自己打工。我們外出吃飯時，他總是看著菜單發愁：「到底點普通肉餅還是目玉燒肉餅？」不用說，二十幾歲的男性都想吃目玉燒肉餅，但它比普通肉餅要貴上一百多日圓。我記得他最後還是會點普通肉餅，外加幾杯免費開水。

目玉燒肉餅在日本的文學經典中也出現過。向田邦子的短篇小說〈核桃房間〉裏，父親因外遇而離家出走，長女桃子挑起家中重擔，扮演起父親的角色。桃子有個弟弟，有一天兩人在小餐館見面。桃子用刀叉切下肉餅定食上的蛋黃，讓給弟弟吃，就像小時候父親的習慣動作。

肉類是很多小朋友喜愛的食物，反過來蔬菜就沒那麼高的人氣。母親做肉餅時，會悄悄把孩子不愛吃的胡蘿蔔、青椒、蓮藕等混進絞肉。我小時候非常害怕青椒的澀味，不管在幼稚園還是在家裏，無論大人說什麼我都不肯吃。有一天母親在肉餅裏加了青椒末，雖然被我識破，但沒辦法，肉餅太好吃了。看著我一口一口吃肉餅的樣子，母親沒說什麼，但我還記得她那勝利、得意的表情。

所需時間　30 分鐘
分量　2 人份的晚餐＋ 1 人份的便當

漢堡肉材料：

肉餡　300 克（豬肉或豬肉牛肉各一半）
麵包粉　2 湯匙（吐司碎片也可）
洋蔥　半顆
雞蛋　1 顆
植物油　1 湯匙

漢堡肉調料：

番茄醬　2 湯匙
醬油　1 湯匙
料酒　2 湯匙
鹽、黑胡椒　各適量

馬鈴薯沙拉材料：

馬鈴薯　2 顆
胡蘿蔔　半根
洋蔥　1/4 顆
小黃瓜　半根
玉米粒　少許
美乃滋　1-2 湯匙
橄欖油、白醋　各半湯匙
黑胡椒、鹽　各適量

這次做便當，用「同時進行」方式來節省時間，如做步驟 1 時，可以留下一點洋蔥，勻給馬鈴薯沙拉用。步驟 3（做肉餡）和步驟 6（煮馬鈴薯）也可以同時進行。

製作步驟

1 準備洋蔥：

一顆洋蔥剝皮後切成小丁，大約三分之一分量的洋蔥留下，勻給馬鈴薯沙拉用。炒鍋裏放油，油燒開後，把剩下的洋蔥丁放進鍋中進行翻炒。洋蔥丁變軟，顏色變黃略焦爲止，關火放涼。

2 做肉餡：

把絞肉、蛋汁、麵包粉、黑胡椒、鹽一起倒入一個小盆裏，再把炒好的洋蔥丁加進肉餡裏，攪拌均勻。

3 成型：

肉餡分成八等分後取出其中一份，用雙手團爲圓形，壓扁之後再整理成

橢圓形。

4 煎肉餅：

平底鍋裏放進少量的油，把肉餅輕輕放進鍋裏煎。肉餅底面煎到略焦，就可以翻面煎2分鐘。

5 做醬汁：

煎好的肉餅拿出來，平底鍋裏再放進料酒、番茄醬和醬油，平底鍋不用洗，利用鍋裏剩下的肉汁做醬。調料燒後再放進煎好的肉餅繼續加熱，直到醬汁變濃。

6 做馬鈴薯沙拉，煮馬鈴薯：

把馬鈴薯洗淨去皮，切成3－4公分的方塊。胡蘿蔔和小黃瓜去皮後切成0.5公分厚的薄片，撒點鹽後擠乾水分。

7 做馬鈴薯沙拉，調味：

在鍋裏放水、煮馬鈴薯。煮好後把鍋裏的水倒掉，之後放洋蔥、胡蘿蔔、玉米粒、美乃滋、橄欖油和白醋，攪拌。用鹽和黑胡椒調味。

關於漢堡肉餅的提示

漢堡肉是最受小朋友或男性歡迎的主菜之一，於是日本家庭主婦／主夫的必學食譜。日式漢堡肉一般用「合挽肉」，意思是牛肉和豬肉各一半的肉餡，但依據個人口味即可。

漢堡肉裏一般都會加洋蔥，有些人省略炒洋蔥的步驟，以便留下洋蔥的口感。若家裏沒有麵包粉，可以改用少量撕碎的吐司，浸泡牛奶後加在肉餡裏，這樣做出來的漢堡肉口感會很柔軟。

肉餡成型後需要做一個動作：將肉餅倒到左手之後，要再倒到右手上，反覆摔打，連續幾個來回。這樣用雙手反覆進行輕微「摔打」能把肉餡中間的空氣擠出，放進鍋中煎煮的時候，肉餅不易碎開。最後，在肉餅中間輕按一個小窩窩，以便中心部分煎烤熟透。

做到這裏，可以把部分肉餅冷凍保存。肉餅放涼用保鮮膜包好，放進冰箱的冷凍室裏，可以保存約一個星期。冷凍的肉餅先用微波爐解凍，之後用平底鍋煎就可以吃。做肉餅的時候建議多做幾個，日後做便當或準備晚餐時能節省時間！

這次介紹的馬鈴薯沙拉是便當裏的「常備菜」之一。一般的馬鈴薯沙拉裏會放大量的美乃滋，口味很濃厚，好吃但熱量也高。所以我做馬鈴薯沙拉時減少美乃滋，另外加些橄欖油和少量白醋，口味清淡點。給成人吃的馬鈴薯沙拉，可以再加點芥末以增風味。

親子丼
便當

蕎麥麵店的親子丼

每當回憶起大學生活，印象最深的是各種打工經驗。與聽課、寫論文相比，「外面」世界的節奏與現實感更吸引我。老實說，我對學業的興趣不怎麼高，幾乎可算是「壞」學生。這樣過了四年不免慚愧，但有些回憶還是蠻珍貴的。

本人念大學時打的第一份工，是在Mister Donut當店員。沒錯，就是那家甜甜圈店。這份工作不錯，可以學到服務業的基本禮儀。如果趕上夜班，到了打烊時可以盡情享用剩下的甜甜圈。按照店規，這些甜甜圈都是要扔掉的，店員不能帶回家，但是可以當場「消費」。半夜站在店裏大嚼甜甜圈，這情景現在想起來實在有些淒涼。我當然因此胖了不少。每次要面對那麼多可愛的甜甜圈掙扎，我乾脆辭掉這份工作。

第二份工作才是本文的重點。那是在大學附近的蕎麥麵館，典型的夫妻小店。老闆在後院做蕎麥麵和烏龍麵，老闆娘負責配醃菜和小食。店裏還雇了一位女服務員Sayaka小姐，她習慣叫老闆「社長」。這裏比甜甜圈店輕鬆、安靜得多。店裏客流有限，最忙的時候也不到十人。我和Sayaka小姐輪流負責洗碗、點菜、上菜。

那時我每週上班三次，平日兩個晚班，周日從中午做到晚上。每回忙了一陣後，Sayaka小姐會跟我說：「我們吃點什麼吧。」廚房裏的「社長」也挺大方，常常豪爽道：「想吃什麼儘管開口！」Sayaka小姐是從長野縣出來工作的女性，三十歲不到，相貌普通、動作俐落、個性很乾脆。她愛吃肉，所以常常請社長做親子丼、炸豬排丼這樣的「丼物」（蓋飯類）。我比較中意蕎麥或烏龍麵（熱量比較少啦），但Sayaka小姐總是很熱情地推薦親子丼，還會補上一句：「你還挺瘦的（明顯是安慰……），吃點有營養的啦！親子丼吃不胖的。」其實我也不討厭親子丼，與Sayaka小姐在一起時，我常常會點頭同意，好讓老闆省事。

這家店的主角自然是麵類，不過也兼賣一些米麵套餐，如親子丼套餐（親子丼、小碗麵加小菜）、活力套餐（烤肉、米飯、小菜和小碗麵）等。所謂親子丼，就是以雞肉（親「おや」，父母）與雞蛋（子「こ」，孩子）做的蓋飯，老闆在親子丼專用的小鍋裏放入洋蔥、雞肉和雞蛋，倒入少許調味汁，火候控制到雞蛋半熟，倒在熱乎乎的白飯上，最後撒上「三葉」（mitsuba，即鴨兒芹、山芹菜），黃綠色的搭配很漂亮，可以邊喝綠茶邊吃。吃到後半的時候，底下的白飯浸透了調味汁，美味極了。吃完真會有特別的滿足感。「謝謝社長！」我們向後院裏喊上一聲，自己洗碗、掃地、下班。

Sayaka小姐星期天是休息的，外加麵店開在住宅區，到了週末客人明顯減少，我和店主夫婦聊天的機會就會比較多。店主年輕時在南美待過幾年，常常跟我提起橫跨南美多國的「騎驢冒險記」。店主有一段時間照顧一位來自南美洲的留學生，說是當地朋友的孩子。這位留學生有時也在店裏幫忙，店主便轉成一口流利的西班牙語。一旁的我就開始琢磨，他後來怎麼想到開蕎麥麵店？這，至今還是一個謎。老闆娘則是很順從丈夫的典型日本賢妻。遇到丈夫發火，還會面帶微笑說：「哎，又被罵了，呵呵。」他們各自向我抱怨對方，但我覺得這對夫妻蠻搭配的。

大概過了半年吧，突然沒看到 Sayaka 小姐了。「社長」在星期天工作空檔的時候告訴我：「好像有了男人哦，跑掉了。」旁邊的老闆娘一邊默默切著泡菜，一邊歎氣。當年不到二十歲的我還沒談過戀愛，「男人」問題不知如何應答，只能說「嗯，明白了。」同時回憶起前一陣子 Sayaka 小姐特別愛笑，對我也很溫柔。

十多年過去了，如今做親子丼的時候，我總會想起老闆的模樣。他很熟練地從大壺舀出自製的調味汁，單手打蛋……當然也會想起 Sayaka 小姐，她那細長的眼睛和幸福的表情。

所需時間　40 分鐘

親子丼材料：

雞腿肉　1 人份（約 100 克）
雞蛋　1 顆
洋蔥　約 1/4 顆
糖、料酒、醬油　各半湯匙
鰹魚粉　約 1/4 湯匙

配菜材料：

胡蘿蔔　半根
鹽、黑芝麻、麻油　少許
菠菜　3-4 棵
柴魚片、醬油　各少許

親子丼的主要材料是雞肉（一般用雞腿肉）、洋蔥和雞蛋。也有加香菇、切片冬筍等版本。另外，在日本吃親子丼時上面會撒點帶有獨特風味的鴨兒芹。鴨兒芹在中國不太常見，我用了香菜代替過，但感覺不一樣，所以這次乾脆省略。

製作步驟

1 燙菠菜：

鍋裏煮開水，放少許鹽。洗好的菠菜由根部浸入滾水，煮1分鐘。

2 做涼拌菠菜：

出鍋冷卻後控水，切成3－4公分長的小段，用少許醬油調味，最後撒上柴魚片。

3 炒胡蘿蔔：

胡蘿蔔洗淨切絲。平底鍋置中火，加植物油，翻炒兩分鐘。用鹽調味，最後放黑芝麻可。

4 切親子丼材料：

雞肉切塊或切片，洋蔥豎著切開，切成0.5－1公分厚的薄片。

5 煮親子丼用雞肉：

平底鍋裏放入洋蔥、雞肉、料酒和糖，置中火加熱1－2分鐘，再放醬油調味。

這樣處理後的雞肉可在冰箱保存一兩天。晚上準備好，第二天再加個蛋就能做親子丼。

6 加蛋：

打蛋，倒入平底鍋裏繼續加熱。雞蛋熟了之後蓋在白飯上即可。按個人口味撒點七味粉。

便當版親子丼

不管是親子丼、炸豬排丼或玉子丼，日式蓋飯的要點是加熱雞蛋時的火候，若加熱過頭雞蛋會完全凝固，最好的狀態是留住雞蛋「滑」的口感。所以若大家到日本吃親子丼，看到裏面的蛋汁沒有凝固，也不用太緊張，這是正常的。（在日本銷售的雞蛋，新鮮度和衛生管理較嚴格，一般都可以生吃。）

不過，若蛋在便當盒裏的幾個小時一直在「半熟」狀態也會有變質的顧慮，因此親子丼做成便當菜時，雞蛋需要充分加熱。這有點可惜，但只要注意以下三點，便當版親子丼也會挺好吃的。親子丼的優勢在於，有了雞肉、雞蛋、醬油和糖等基本材料就可以做，簡便省時。

便當版本親子丼注意要點：

1　雞肉調味好：親子丼用的雞肉可以事先做到步驟5階段，之後放入冰箱，可以保存一兩天。做親子丼前拿出來與雞蛋加熱即可。這樣比較簡便，而且更入味。

2　調味汁做濃一點：親子丼的調味主要靠糖和醬油，一般便當菜的調味做濃一點比較好吃，煮雞肉時可以把這兩種調料比平時多放一點。

3　儘量將湯汁煮乾。攜帶時便當會晃動，儘量等便當菜（親子丼）的湯汁煮乾再裝盒，免得便當袋弄得一場糊塗！

培根捲
便當

跟培根說「いただきます」

幾年前，我在農場當實習生。那是很忙碌的一年，期間有些事改變了我對食物的理解。

一天，我上山去撿壁爐生火用的木柴。「砰！」的一聲，農場傳來槍響。這是農場主人在射殺豬或羊。等我下山回到農場時，他已經把一頭黑豬倒掛在樹上，豬身下方的盤子裏積了不少滴流的豬血。

第二天，農場主人吩咐我堆柴生火，把大鐵桶裏的水煮開。那頭豬就在鐵桶旁，水滾後直接投進去煮。豬的後腿用繩拴住，繩子則連著樹枝上的小滾輪。農場主人鬆開繩子，豬栽進水中，拉起繩子，就浮出水面。

豬被滾水燙過，看起來有點沮喪。雖然牠已失去生命，但我眞能看出那樣的表情。接著我們開始動手拔豬毛。從熱水裏拉出來的豬，皮膚尚溫，讓我錯覺牠還活著。黑豬的毛是非常硬的，不過燙過後很容易拔掉，沒多久就拔乾淨了。

一周後，我發現那頭黑豬已被切成小塊，用香料和鹽醃好，準備做成自家吃的培根。農場主人做的培根特別鹹，不能多吃。但味道確實很香，可以生吃，在平底鍋裏與蘑菇煎一煎，更是一道美味。

這些豬都是農場散養的。每天清晨傍晚，我們投出蔬果皮、超市過期處理掉的麵包，大豬小豬飛奔而來，熱鬧得很。有的豬認識我了，我也認得牠，可說有點感情。但把牠們做成培根的過程中，並沒有悲傷痛心的感覺。在農場的蟲鳴和鳥啼聲中，默默殺生、吃肉，內心甚至有某種安寧……

離開農場回到城市裏後，我並沒有變成素食主義者，也繼續吃各種肉。但偶爾會想起農場的日子，那安寧中的殺生，和殺生中的沉靜，想到人在這世界的位置。在超市裏拿起大塊培根的時候，似乎遠處又傳來那聲「砰！」

在日本，人們打開便當盒，拿起筷子時會說「いただきます」（itadakimasu）。這句話一般中譯成「我開動了」。日語的「itadaku」（得到）是自謙語，降低自己的位置，以示尊敬對方。而「itadakimasu」的原意是「我從您那裏領受（生命）了」。平時我總是匆匆說完這句，但偶爾會想起農場裏的豬。好好欣賞培根的味道、吸收它的營養，繼而好好生活，這就是領受牠們生命的方法。

所需時間　40 分鐘

培根捲材料：

培根　1人份（約3長片，切一半）
金針菇　適量
胡蘿蔔　1小塊

配菜材料：

青椒　半顆
紅椒　半顆
鴻喜菇　適量
植物油、蠔油　各適量
鵪鶉蛋　3-4 顆
鹽、黑胡椒　各少許

曾有讀者提出疑問：培根捲是否需要用牙籤固定？我個人覺得不需要。培根加熱後會縮小，自然就會把金針菇捲緊。另外，金針菇和鴻喜菇清洗時，建議儘量輕輕地、快速完成，以免流失菌菇的風味。

製作步驟

1 準備培根捲：

將金針菇分小束。胡蘿蔔切絲，撒鹽放5分鐘，擠乾水分備用。

2 捲起培根捲：

將培根長條切一半，用培根捲起金針菇和胡蘿蔔絲。

3 煎培根捲：

將平底鍋預熱，一般培根的脂肪多，不太需要在平底鍋上另加植物油。用小火煎大概5-6分鐘，裏面的金針菇和胡蘿蔔變軟，培根微焦即可。

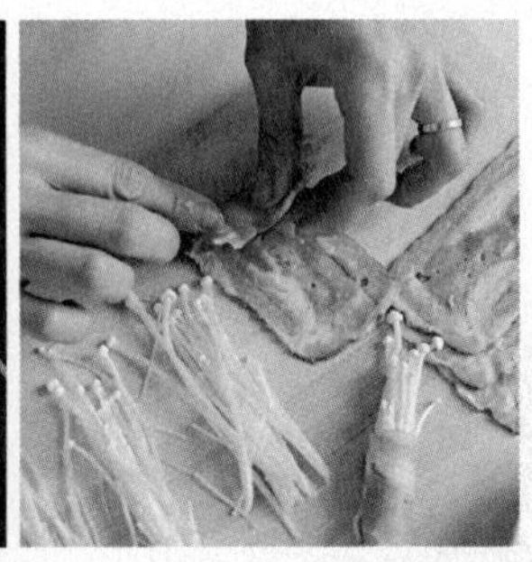

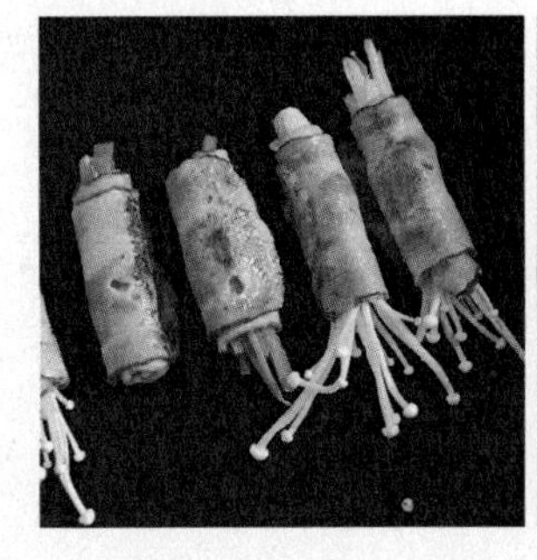

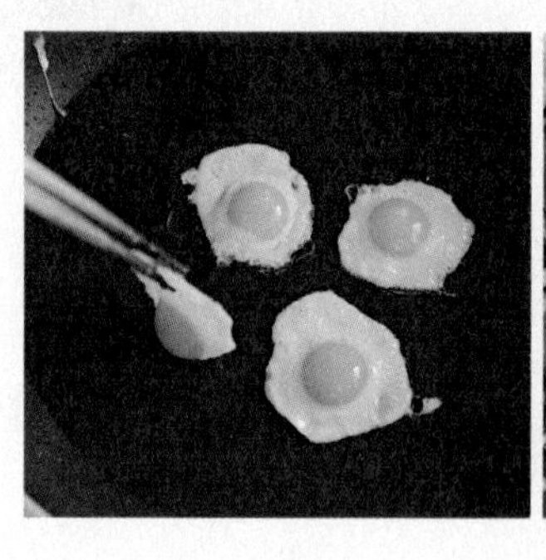

4 切蔬菜：

將青椒和紅椒洗好，切絲。鴻喜菇根部除去備用。

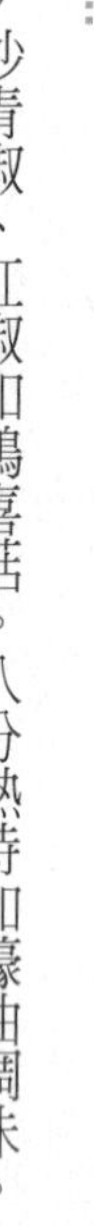

5 炒配菜：

開中火，炒青椒、紅椒和鴻喜菇。八分熟時加蠔油調味。

6 煎鵪鶉蛋：

在平底鍋裏放油預熱，煎鵪鶉蛋。九分熟時翻面再煎到熟透即可。

什麼都可以包！培根捲

在上海的一家日本料理店吃過金針菇培根捲，同桌的中國朋友問這是不是日本菜，我也說不清楚。不過，在日本「培根捲」的種類是蠻多的，杏鮑菇、蘆筍、四季豆、胡蘿蔔、馬鈴薯等，只要能切細點的，都可以捲。有些主婦常把培根捲作爲便當菜，即使不喜歡素食的小孩也會「不小心」吃掉一些蔬菜，平衡營養。

我妹妹念大學的時候在連鎖居酒屋當服務生。我們全家都不會喝酒，妹妹也是滴酒不沾的「下戶」（不會喝酒的人），好服務生是不用喝酒的，能點菜、上菜、結賬就成。因爲這份經驗，妹妹很會做居酒屋的各種菜，其中包括培根捲。

日本居酒屋裏常見的培根捲有幾種，最多的是蘆筍培根捲。而我妹妹的拿手菜是聖女小番茄培根捲和年糕培根捲。做法是相通的，小番茄洗淨去蒂，用培根捲好在平底鍋裏煎。年糕切成小條，用培根捲後煎。聽起來有點怪，但還是蠻好吃的，很下酒，也適合便當。

馬鈴薯燉肉
便當

給男友吃什麼好？

去年在網上看到一則調查：日本年輕男性最想吃的女友「手料理」（親手煮的菜）排名。依次是第五位「飯糰」、第四位「漢堡肉餅」、第三位「味噌湯」、第二位「咖哩飯」，名列榜首的則是——「馬鈴薯燉肉」。

不知道該調查的準確度如何，但馬鈴薯燉肉確實是公認的和風料理「定番」（基本款）。這是一道燉菜，用牛肉片、馬鈴薯、蒟蒻絲經醬油和白糖調味而成。它算不上高級，甚至上不了日本料理店的菜單。馬鈴薯燉肉就是一道家常菜，幾乎家家的母親都會做。用的都是超市裏的廉價材料，對家計不會造成負擔。一不小心做多了，第二天還可以做成「可樂餅」！

馬鈴薯燉肉還是日本學校午餐的「人氣王」。很多人懷念小學裏的馬鈴薯燉肉，因為是用食堂大鍋燉出的，有家裏小鍋做不出的味道。甜中帶鹹，馬鈴薯塊煮得很軟，有些都成了馬鈴薯泥，與肉片和蒟蒻絲混合著吃，別有一番滋味。小朋友都很實際，阿姨們辛苦做出來的給食菜，大家若不喜歡就會剩下一大堆，但要是遇到馬鈴薯燉肉、咖哩飯、義大利麵等人氣菜，大鋁鍋很快見底，連每層樓展示的「今日給食盛碗樣本」（※）都沒影兒了。

說回正題，關於女友的「手料理」，為什麼馬鈴薯燉肉能拔得頭籌呢？筆者的猜測是，馬鈴薯燉肉最有家的味道，馬鈴薯燉肉能做得好的女性最讓人安心。不過也有不少人說，因為「馬鈴薯燉肉＝母親料理」已成定式，所謂

「抓住男人的胃就抓住他的心！」，深諳此道的女性反而顯得心機太重。

寫這篇文章前，我順便問了幾位日本男性，他們心中的女性「手料理」是什麼：

「和風料理就OK，在家吃還是和風的好。」（長年生活海外的S君）

「咖哩飯吧，太細緻的料理吃起來有點不好意思啦。」（剛結婚的K桑）

「女友做的什麼都好呀，無條件支持！」（學生）

「想吃肉。漢堡肉餅那種。」（30多歲的上班族）

「米飯和味噌湯，還有煮物（日式燉菜）就覺得好完美。」（上班族）

「披薩吧！我今天想吃披薩。」（我父親）

當然，這樣的微型調查僅供參考。我的感覺是，做料理給人吃先要照顧對方口味，其次「想吃什麼」和當日的天氣、情緒都有關係，做飯的人必須得靈活些。不管是要自己吃飽，還是想讓男人不餓，希望大家吃得開心，並留下幸福的回憶！

※注：日本的給食是每班小朋友自己盛飯（至少我小時候是這樣）。通常是班裏某小組連續一周為同學們盛飯。「今日給食盛碗樣本」擺放在每一層樓，讓組員知道這天的給食是如何盛、盛多少、點心水果怎麼分。

所需時間　40 分鐘
分量　2 人份晚餐＋ 1 人份便當

馬鈴薯燉肉材料：

牛肉片　半斤（或可用涮肉薄片）
馬鈴薯　2-3 顆
洋蔥　1 顆
胡蘿蔔　半根（約 400 克）
豌豆仁　2 湯匙
白糖　3 湯匙（或黃糖）
醬油　1-2 湯匙
料酒　1 湯匙

配菜：

綠花椰菜　適量
橄欖油、鹽、白胡椒　各少許

在北京做日式馬鈴薯燉肉時，我會用本地很容易買到的涮鍋牛肉片。用涮肉片的話，建議選購瘦肉，因為用肥肉做的話實在太油膩了。馬鈴薯燉肉用的牛肉不需要太高級，在日本大家一般用碎牛肉片，也就是肉店裏切片後剩下的部分。

製作步驟

1 處理蒟蒻絲：
將蒟蒻絲放入開水裏滾1－2分鐘，去腥味。

2 切蔬菜：
馬鈴薯、胡蘿蔔切小塊，洋蔥沿著纖維（豎著切入）切成1公分厚的薄片。

3 加熱、調味：
鍋子裏放少許植物油，開中火熱油。先放入牛肉，然後放入馬鈴薯、胡蘿蔔和洋蔥，翻炒後倒入1杯水、料酒和糖。此時會浮起白色或灰色泡沫和多餘的脂肪，可以用湯匙去除。

4 取出牛肉片：

煮滾後取出牛肉片，以免肉質變硬（這裏用的是涮肉片，若放的是厚些的牛肉片，煮開後繼續燉也沒問題）。

5 燉馬鈴薯，放回牛肉片：

試試馬鈴薯的硬度，能插進筷子後，放入醬油調味，之後再次倒入牛肉，另加豌豆仁，燉4－5分鐘。

6 做配菜：

綠花椰菜切小塊，在平底鍋裏加少許水燜。煮好後用少許橄欖油、鹽和白胡椒調味。這次便當裏放了些羊栖菜。

剩下的馬鈴薯燉肉怎麼辦？

馬鈴薯燉肉的基本材料是洋蔥、馬鈴薯、牛肉、胡蘿蔔。看了這些材料會想到什麼呢？對了，和日式咖哩的原材料一樣！差別只在於有沒有咖哩粉。

燉菜是用大鍋煮的比較入味，可一旦做多了就容易吃膩。日本家庭主婦也有同樣煩惱：馬鈴薯燉肉做多了，第二天丈夫、孩子都不願意吃，怎麼辦？！

方案一是改做咖哩飯。馬鈴薯燉肉裏再加點開水，放入「咖哩塊」（超市常見的盒裝咖哩），等其融化即可。這樣做比普通咖哩飯更濃郁且帶甜味，我朋友家的小孩特別喜歡這樣改版後的咖哩飯。

方案二是做成「可樂餅」。它的名字來自於法語「croquette」，是用馬鈴薯泥炸製的西方菜。在日本明治時代開始普及，至今都是頗受歡迎的家常菜。馬鈴薯燉肉版可樂餅做法如下：

步驟1：將剩下的馬鈴薯燉肉控去水分，馬鈴薯弄碎成馬鈴薯泥。洋蔥、胡蘿蔔和牛肉切小塊，與馬鈴薯泥攪拌。

步驟2：馬鈴薯泥做成5－6公分長、1公分厚的橢圓形小餅。

步驟3：馬鈴薯餅先沾麵粉，再沾蛋汁，最後在麵包粉裏滾一滾，放入油鍋中炸至金黃即可。

因爲馬鈴薯等材料裏已有調味，炸製後直接吃就行（也可加醬料等調料），是經典的便當菜。

我自己的話，會把剩下的馬鈴薯燉肉放在熱乎乎的白飯上，做成蓋飯。有點像「吉野家」的牛肉蓋飯，撒上點「七味粉」會更好吃。

藕片夾肉便當

「固執」的藕片夾肉

大家對食物有什麼「固執」嗎？我有一些：早上喝的咖啡一定要是黑咖啡；巧克力不要太甜，喜歡可可含量75％以上的黑巧克力；吃義大利麵要配足量的起司粉。

不過，我的「固執」強度不是很大。若早上丈夫準備了拿鐵咖啡，我覺得也不錯（他會比我早起並準備早餐，已經是奇蹟）。母親給我超甜的金莎巧克力，我還是會慢慢把它消化掉。吃義大利麵時沒有起司粉也算了，吃進那麼多起司也不太健康，我就這麼說服自己。

不過，有些人不會放鬆自己的標準。

比如我的大學同班同學「Y」。Y個子不高，身材消瘦，五官精緻，戴細框眼鏡。她總是面帶安靜的微笑，給人以溫馨之感。大一的冬天，我在大學附近租了房，班裏的同學就來我家開了小型聚會。事先分配好了準備任務，飲料由某某帶來，主食由我和幾位女同學在廚房準備。

Y和另外一個女同學負責小菜。到了晚餐時間，同學們紛紛到來，但遲遲不見Y她們的身影。等呀等，我們只能吃薯片和花生解饞。終於，Y氣喘吁吁地捧來一個小盒子，裏頭裝著藕片夾肉。我們這才知道她們遲到的原因，原來Y很想給大家吃她的拿手菜藕片夾肉，但附近超市沒有她想要的那種蓮藕，結果騎車到遠處的另一家超市買到。

「是哦，辛苦你們了……」我邊吃邊這麼說，但心裏有點不快：讓大家等這麼久，沒有蓮藕的話，改做別的小菜不行麼？說實話，那天的藕片夾肉過於油膩，不是很好吃。

我和Y的始終保持君子之交，見面微笑點頭而沒有更多的接觸，但有一件事給我印象深刻。Y參加的社團是爵士俱樂部，她負責薩克斯風。大學二年級時的晚秋表演會裏，Y的音很準，但樂聲偏弱，完全被周圍男生吹打聲淹沒了。但三年級時的表演會完全不同，Y的薩克斯聲明朗嘹亮，和其他男生不相上下。後來同學告訴我，那是Y一年來每天鍛鍊腹肌的成果。

大學畢業之後，每逢換季，母校會把校刊寄到我父母家。我回國時隨手翻閱，發現裏面的幾張照片是Y拍的。她的攝影風格非常樸素，校園空地裏的雜草、樹木和圖書館。起先我並不在意，但畢業後三年、十年、十三年……在幾乎每期校刊後的「攝影作品提供者」一欄裏都有Y的名字。

大概兩三年前，我去上海圖書館的外文雜誌閱覽室查資料，無意翻到日本著名生活雜誌《生活手帖》，其中一張圖片的拍攝者正是Y。她的攝影風格和母校校刊裏的相近，城市空地的雜草和小野花、廚房裏的白色陶瓷、孩子留在地上的玩具……從中能感覺到她對日常生活的熱愛。還有，她的攝影技術明顯提高了。我翻了幾本過刊的《生活手帖》，Y已是雜誌的固定合作者。

在異國安靜的閱覽室裏，我把雜誌放回書架，忽然想多年前的藕片夾肉。因爲她對每件事——哪怕是小聚會的小吃——都那麼固執，薩克斯才會越發動聽，照片才會越發悅目。

我相信，她現在給丈夫和孩子做的藕片夾肉，肯定比過去好吃得多。

製作步驟

1 **準備藕片：**
蓮藕去皮後切成大約0.5公分厚的小片。切好的藕片用乾布擦淨，徹底去除表面水分。

2 **做肉餡：**
大蔥和胡蘿蔔切碎，與絞肉、生薑泥、太白粉和醬油攪拌。肉餡攪拌到稍微有黏性即可。

3 **做藕片夾肉：**
藕片上撒點太白粉，以便藕片和肉餡黏得更緊些。取一藕片，盛上肉餡，再用另一藕片蓋住。

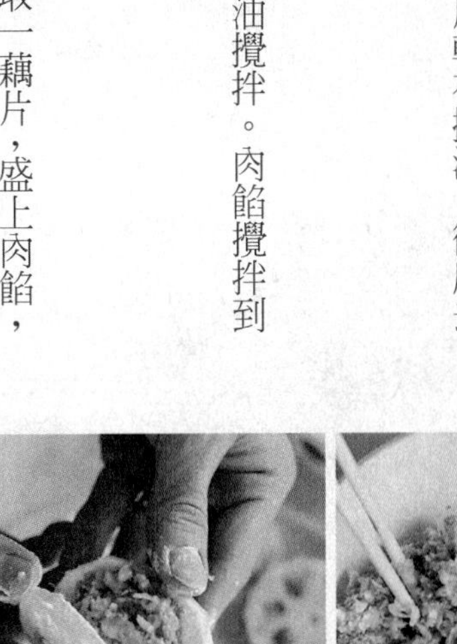

所需時間　45 分鐘

藕片夾肉材料：

蓮藕　1 小段
絞肉　1 小碗（約 150 克）
大蔥、胡蘿蔔　1 小段
太白粉　適量
生薑泥、醬油　各少許

蛋炒飯材料：

白飯（熟）　1 人份
雞蛋　1 顆
大蔥　1 小段
鹽、植物油　各適量

配菜材料：

裙帶菜　半湯匙（乾的，泡水後則是 1 人份）
小黃瓜　半根
白醋、白糖　各半湯匙
小蘿蔔　3-4 根
白醋　2 湯匙
鹽　適量

藕片夾肉在日本一般用雞腿肉或豬肉做，油煎後蘸些黃芥末和醬油吃。作為便當菜，為了節省準備黃芥末和醬油的麻煩，這次油煎後用醬油和白糖調味（步驟 4），這樣用餐時不需要另加調料。

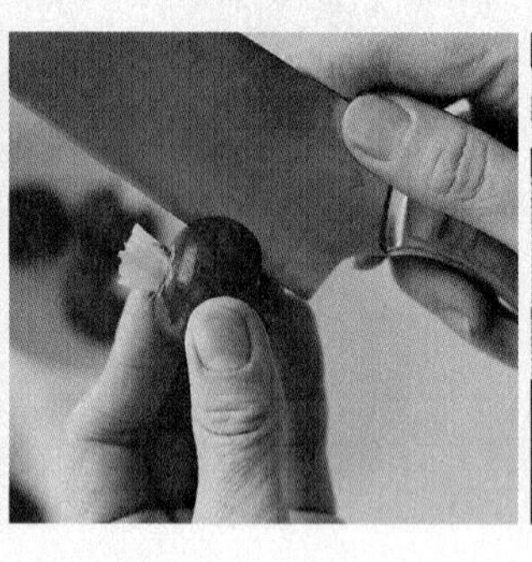
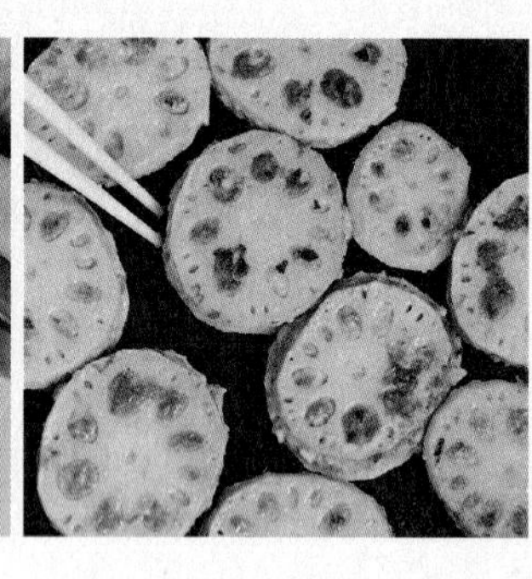

4 煎藕片夾肉：

平底鍋裏放植物油，先開中火加熱。改小火後放入藕片煎，底層微焦後翻面。最後用白糖（半湯匙）、醬油（半湯匙）和料酒（1湯匙）調味，調味汁蒸發後關火。

5 做涼拌裙帶菜：

裙帶菜用水清洗後切小段。若是乾裙帶菜，取出半湯匙分量放入小碗裏泡水10分鐘。小黃瓜切薄片，與裙帶菜、白醋、糖、鹽拌勻。

6 做醃製小蘿蔔：

小蘿蔔洗淨後切入幾刀。小碗裏準備白醋和鹽，攪拌後放入小蘿蔔。醃製小蘿蔔或許可以前一個晚上做好，早上拿出來直接放入便當盒裏。

7 做蛋炒飯：

打蛋後加點鹽，做炒蛋，放入小碗裏備用。大蔥切絲預熱平底鍋，用植物油炒白飯，最後加大蔥和炒蛋，關火。

裙帶菜要小心！

裙帶菜大概是日本最大眾的海藻食材。可以加進味噌湯或清湯，涼拌熱炒、還可以直接加入米飯。調理的方法很多。

若買到的是新鮮裙帶菜，可清洗後直接調味食用。在中國，稍稍醃製過的裙帶菜更常見，可沖洗後浸泡3分鐘，再控水切配。還有切成小片的乾裙帶菜，可直接入湯，也可以浸泡後做成涼拌菜。

在韓國，孕產婦會多喝裙帶菜湯。裙帶菜裏的海藻酸和食物纖維，能降低血脂和血液黏度，幫助排出產婦體內的汙血。裙帶菜還富含碘、礦物質和多種維生素，有助於保健防癌。

裙帶菜是百搭，做法很多。我最喜歡的是用「醋味噌」（醋和少許白糖調味的味噌）涼拌。若是做味噌湯，建議搭配馬鈴薯。先用小鍋煮馬鈴薯薄片，馬鈴薯變軟後，放入鰹魚風味的高湯顆粒（我有點懶惰）、味噌和小片裙帶菜。

乾的裙帶菜泡水的時候請注意，不要拿出太多，一人份就用小湯匙舀一勺就夠了。裙帶菜的水分含量本來就多，乾燥之後體積變得特別小，而吸水後，體積增加10-15倍。記得我初中時想幫忙母親做菜，第一次動手料理裙帶菜。把一整包乾裙帶菜（大約50克）放進大碗裏泡水。過了一會我看到的是黑烏烏的水槽。原來吸過水的裙帶菜不斷膨脹，溢出大碗，占領了我家的水槽。

致臺灣朋友們

吉井忍

我和臺灣的緣分是很奇妙的。

一九九九年我大學畢業，之前並沒有認眞參加「就職活動」。我想，在不知道要做什麼的情況下隨便找一份工作，這樣對自己不誠懇，對雇主也不禮貌。於是畢業後我搬進一棟公寓（就是本書〈深夜打工族的消夜湯〉裏提到的合租式公寓），房客各式各樣，以韓國留學生和從各國來的英語老師爲最多，還有藝術家、臺灣企業的研修生、以及和我差不多的打工族。

有一天我和幾位鄰居一起看電視，是一檔介紹世界風光的旅遊節目。那天剛好介紹臺灣的夜市，螢幕上的熱鬧景象給我一種超現實的感覺，我就問旁邊的臺灣鄰居是否眞的是那樣，他確認後我繼續追問，臺灣也是不是也能用「普通話」溝通，他說可以。他還說，我的中文水準已經足夠和臺灣人順暢溝通。當時我只在四川成都待過一年，這應該是他「善意的謊言」。但我還是把它當眞，覺得自己和臺灣的距離稍微近了一點。

不久，九二一大地震發生了。在日本也成了大新聞，電視節目紛紛報導災情。那時候我天天打工維持生活，感覺很迷惘，想做一件「有意義」的事，於是就決定去台中當義工。第二天我向中華料理店和爵士酒吧申請休假，又過兩天把養的一隻虎斑貓託付給父母，一個人離開了日本。

我參加的是和基督教有關的義工組織，隨他們去南投搬了石頭，幫老人家清理住宅廢墟。在臺北的時候我突然覺得，其實這裏和東京挺像，是個有意思的地方。於是我在臺北開始搜集資訊，回到日本處理完一堆事務，很快又飛來臺灣。就這樣，本來只是兩三周的義工活動，變成了六年的定居。

回想起那段時光，臺灣對我的影響至少有三處。一是寬容：我是個急性子，情緒智商也不高。然而結識的臺灣朋友都慷慨、親切、寬容。尤其是臺灣女性，直到現在我還時常想起她們內心的溫柔和堅韌，並由此反省自己。二是對生活的熱情：在臺灣，街道上的每個小吃攤子都有一位自信滿滿、敬業樂業的老闆，很多老人家有自己的愛好，唱歌、跳舞、做菜，活得很充實。第三是口音：現在在北京，經常有人問我是不是臺灣人，或是從南方來的。雖然據臺灣朋友抱怨，最近我的臺灣口音淡了不少。

臺灣人都是美食家。我和臺灣朋友的回憶，大部分和吃有關。游先生帶我去的淡水黑店炸排骨、Chaz 騎機車載我去買的粽子、在觀音山和登山友一起喝的地瓜湯、連續吃三天也吃不膩的素食咖哩、Mathilda 認爲板橋第一名的綠豆湯、韓老師下班後特意坐計程車去給我買的三明治……如今都成爲飽含人生滋味的回憶。

我在臺北的時間是二十三歲到二十九歲。可以說是最敏感的人生階段，所幸我在臺灣找到了人生的方向，累積了生活的基礎，因此我對臺灣充滿感情。拙作能在臺灣出版，對我也有著特殊的意義。希望透過書中的四十個便當故事，再和臺灣的朋友們交流。

感謝遠流出版公司，感謝臺灣的前輩和好友。謝謝丈夫和父母對我寫作的支持。

最後感謝大家的閱讀，祝臺灣的朋友們生活幸福，身體健康！

二〇一五年八月於北京

國家圖書館出版品預行編目（CIP）資料

和風手作便當 / 吉井忍著．— 初版．— 臺北市：遠流，2015.08
面； 公分．—（綠蠹魚；YLI004）
ISBN 978-957-32-7687-6（平裝）

1. 食譜

427.17　　104014755

綠蠹魚 YLI004

和風手作便當

作　　者／吉井忍
圖片攝影／吳　飛
副總編輯／吳家恆
編　　輯／黃嬿羽
封面設計／蔡彥淳
內頁設計／蔡彥淳

發 行 人／王榮文
出版發行／遠流出版事業股份有限公司
地址：臺北市南昌路二段 81 號 6 樓
電話：(02) 2392-6899
傳真：(02) 2392-6658
郵撥：0189456-1

著作權顧問／蕭雄淋律師
2015 年 8 月 25 日　初版一刷
新台幣定價 400 元（缺頁或破損的書，請寄回更換）

ISBN 978-957-32-7687-6

http://www.ylib.com
E-mail: ylib@yuanliou.ylib.com.tw